a matemática em sala de aula

M425 A matemática em sala de aula : reflexões e propostas para os anos iniciais do ensino fundamental / Organizadores, Katia Stocco Smole, Cristiano Alberto Muniz. – Porto Alegre : Penso, 2013.
169 p. : il. ; 23 cm.

ISBN 978-85-63899-85-9

1. Educação. 2. Matemática – Ensino fundamental.
I. Smole, Katia Stocco. II. Muniz, Cristiano Alberto.
III. Título.

CDU 37:51-053.2

Catalogação na publicação: Ana Paula M. Magnus – CRB 10/2052

Katia Stocco Smole
Cristiano Alberto Muniz
Organizadores

a matemática em sala de aula

reflexões e propostas para os anos iniciais do ensino fundamental

2013

Gerente editorial: Letícia Bispo de Lima

Colaboraram nesta edição

Coordenadora editorial: Mônica Ballejo Canto

Capa: Márcio Monticelli da Silva

Preparação de original: Lara Frichenbruder Kengeriski

Leitura final: Rafael Padilha Ferreira

Projeto gráfico e editoração: TIPOS – design editorial e fotografia

SÃO PAULO
Av. Embaixador Macedo de Soares, 10.735 – Pavilhão 5
Cond. Espace Center – Vila Anastácio
05095-035 – São Paulo – SP
Fone: (11) 3665-1100 Fax: (11) 3667-1333

SAC 0800 703-3444

IMPRESSO NO BRASIL
PRINTED IN BRAZIL
IMPRESSO SOB DEMANDA NA META BRASIL A PEDIDO DE GRUPO A EDUCAÇÃO.

Autores

Katia Stocco Smole (org.). Professora. Licenciatura e Bacharelado em Matemática pela FFCL de Moema. Especialista em Álgebra e Geometria pelo IME-USP. Mestre em Didática pela FEUSP. Doutora em Educação, Área de Concentração em Ensino de Ciências e Matemática pela FEUSP. Coordenadora do Grupo Mathema, Assessora pedagógica da Rede Salesiana de Escolas.

Cristiano Alberto Muniz (org.). Professor Adjunto da Faculdade de Educação da UnB. Matemático. Mestre em Educação Brasileira. Doutor em Ciência da Educação. Docente do Programa de Pós-Graduação em Educação da UnB. Vice-diretor da FE-UnB. Presidente da Sociedade Brasileira de Educação Matemática.

Gilda Guimarães. Professora. Doutora em Psicologia Cognitiva. Professora da Pós-graduação em Educação Matemática e Tecnológica (EDUMATEC) da Universidade Federal de Pernambuco. Coordenadora do Grupo de Pesquisa do CNPQ GREF – Grupo de Estudo em Educação Estatística no Ensino Fundamental.

Joana Pereira Sandes. Pedagoga. Mestre em Educação pela UnB. Professora da Secretaria de Estado de Educação do Distrito Federal. Atua na Formação Continuada de Professores na Escola de Aperfeiçoamento de Profissionais da Educação (EAPE).

José Luiz Magalhães de Freitas. Professor. Mestre em Matemática pela USP-São Carlos-SP. Doutor em Ciência da Educação pela Universidade de Montpellier II – França. Pós-doutorado no Laboratoire Leibnitz – Grenoble, França. Professor de Matemática do CCET e do Programa de Pós-Graduação em Educação Matemática da UFMS em Campo Grande-MS.

Luiz Carlos Pais. Professor de Matemática. Mestre em Matemática pela UFRJ. Doutor em Educação Matemática pela Universidade de Montpellier – França. Atua como Professor e Pesquisador na Universidade Federal de Mato Grosso do Sul.

Maria da Conceição de Oliveira Malaspina. Professora de Ensino Superior e Ensino Fundamental e Médio. Licenciatura em Matemática pela Universidade Santa Cecília dos Bandeirantes. Aperfeiçoamento em Matemática pela PUC-SP. Mestre em Educação Matemática pela PUC-SP.

Marilena Bittar. Mestre em Matemática pela UnB. Doutora em Educação Matemática pela Université Joseph Fourier. Pós-Doutora em Educação Matemática pela Université Joseph Fourier. Professora Associada da Universidade Federal de Mato Grosso do Sul. Bolsista Produtividade Pesquisa do CNPq.

Regina Andréa Fernandes Bonfim. Professora graduada em Matemática. Mestre em Psicologia do Desenvolvimento Cognitivo. Professora da Secretaria de Educação do DF. Atua com Ensino Especial desde 1993.

Sandra Magina. Psicóloga. Mestre em Psicologia Cognitiva pela UFPE. Ph.D. em Educação Matemática pela Universidade de Londres. Pós-doutora pela Universidade de Lisboa. Professora Titular da PUC-SP.

Apresentação

Katia Stocco Smole
Cristiano Alberto Muniz

Este livro foi concebido pensando nos professores que ensinam a matemática nas escolas todos os dias para seus alunos e que, a par do grande desenvolvimento da pesquisa em educação matemática em nosso país nas últimas décadas, ainda não puderam ter acesso aos resultados das pesquisas e se beneficiar deles para favorecer a construção de uma aprendizagem mais significativa nessa disciplina.

Apresentamos este livro em um contexto caracterizado por um forte paradoxo: o Brasil é um país que possui grande produção acadêmica na área de educação matemática, mas também deixa muito a desejar na aprendizagem matemática na escola. Tal fato é constatado nos resultados das avaliações sistêmicas nacionais e internacionais, nas quais aparecemos como um dos países com graves problemas na aprendizagem e no ensino deste campo do conhecimento.

Desejamos que esta seja uma obra voltada ao uso diário, para consulta e que seja fonte de conhecimento e reflexão do professor na sua prática em sala de aula, bem como nas coordenações ou reuniões pedagógicas. O projeto do livro se configurou a partir do convite a um grupo de pesquisadores em educação matemática, especialistas nesta área, cuja presença na escola, na sala de aula, no permanente contato e diálogo com os professores desenvolve suas pesquisas e alimenta a produção do conhecimento.

São autores comprometidos não somente com a geração de conhecimentos, mas com a formação inicial e continuada de professores, bem como com a necessidade de acesso dos professores aos resultados de pesquisas e sua utilização no sentido de contribuir para mudança das práticas escolares que envolvem o ensino de matemática. Assim, o que caracteriza tais autores são suas pesquisas com trabalhos mergulhados na sala de aula, na construção de uma parceria da universidade com os professores. Se por meio dessa parceria os professores colaboradores se beneficiam significativamente no desenvolvimento da reflexão e de novas práxis, por outro lado, faz-se necessário que os demais professores se beneficiem das produções de conhecimentos a partir de obras como esta.

Esses conhecimentos sobre as práticas na sala de aula de matemática estão associados às dificuldades encontradas por grande número de professores atuantes nas escolas nas diversas regiões brasileiras e que não têm material bibliográfico de apoio disponível. Tais produções estão por vezes publicadas no meio acadêmico, em um círculo bem restrito, de pouco acesso aos professores da escola básica, ou com uma linguagem muito acadêmica. Este livro busca levar tais contribuições aos professores, a partir de casos concretos da sala de aula da nossa escola, falando de alunos de "carne e osso" e com uma linguagem não rebuscada ou excessivamente formal.

Os capítulos são escritos como um diálogo com os professores. Escolhemos tratar de temas que são geralmente desafios na prática cotidiana da sala de aula, com exemplos reais e concretos, instigando reflexões acerca de nossas aulas de matemática, e mais, a partir do que cada pesquisador aprendeu na sala de aula e em interface com os professores parceiros apresentando ideias, propostas e alternativas que nos ajudem a realizar um trabalho mais apropriado aos nossos alunos no campo da educação matemática.

Os seis capítulos não cobrem todo o universo de contextos da aprendizagem matemática que mereceriam ser tratados, mas tocam em temas altamente relevantes. Para uma primeira publicação com os objetivos apresentados aqui, esta já se caracteriza como um importante instrumento para os professores da escola básica.

Inicialmente, Marilena Bittar, José Luiz Magalhães de Freitas e Luiz Carlos Pais trazem uma interessante análise das técnicas operatórias ensinadas por meio de livros didáticos de matemática no Brasil ao longo da história de nossa educação. São, na maioria, técnicas transmitidas sem qualquer compreensão sobre seus processos e esquemas subjacentes. Muitas vezes, o próprio professor não compreende o mecanismo de tais procedimentos formais, mas, mesmo assim, os transmite aos alunos. O leitor, no Capítulo 1, vai ser remetido à sua própria história enquanto aluno, quando teve de reproduzir procedimentos, os mesmos hoje ensinados às nossas crianças, desarticulados da compreensão dos números e dos conceitos das operações. O intuito desse primeiro capítulo, assim como da obra como um todo, é o de pensar na possibilidade do desenvolvimento do espírito científico e do gosto pela matemática. Ao discutir produções matemáticas presentes em tais técnicas, os autores acabam por trazer reflexões acerca da influência da estrutura do número no sistema decimal na configuração de certos procedimentos operatórios.

O segundo capítulo nos remete desejavelmente a reflexões acerca da articulação entre produções espontâneas e processos formais na resolução de problemas matemáticos. Devemos ensinar estratégias de resolução ou dar vazão às formas mais naturais e espontâneas dos alunos na resolução de problemas? Katia Stocco Smole (Mathema SP), autora que tem escrito sistematicamente aos professores da escola básica, nos presenteia com este capítulo. Muitas vezes, os professores se veem obrigados a tratar das representações mais formais da produção matemática na sala de aula e não desenvolvem estratégias que permitam a evolução dos procedimentos espontâneos dos alunos para a linguagem e os procedimentos mais formais. Uma questão central no desenvolvimento curricular é a dúvida do professor sobre a necessidade ou não de respeitar e valorizar procedimentos matemáticos mais espontâneos, assim como a obrigatoriedade ou não desses procedimentos evoluírem na direção dos algoritmos convencionais. Assim, a autora nos conduz a importantes reflexões a partir de produções de alunos e constrói um profícuo diálogo com o professor-leitor: como interpretar as diversas formas de representação utilizadas pelos alunos? Como propor um trabalho que evolua das representações espontâneas para a linguagem matemática convencional? As diversas representações que surgem em sala de aula na resolução de problemas devem conviver ou há um momento para que todos produzam o mesmo tipo de resolução? Como avaliar as produções dos alunos se não há um padrão que todos devem seguir?

Ao estudarmos a respeito da questão dos procedimentos e linguagens mais espontâneas no processo de resolução de problemas matemáticos, somos convidados a refletir sobre os papéis das diferentes linguagens matemáticas utilizadas pelos alunos na construção de suas estratégias. Nesse contexto, Joana Pereira Sandes (SEEDF), no terceiro capítulo, *O desenho como representação do pensamento matemático da criança no início do processo de alfabetização,* analisa o processo do desenho infantil não apenas como forma de expressão e comunicação de sentimentos e pensamentos, mas em especial como ferramenta na organização de procedimentos para a resolução de problemas matemáticos em sala de aula. A autora mostra como, mesmo antes de as crianças se apropriarem da linguagem formal da matemática, elas lançam mão do desenho como poderosa ferramenta de representação do pensamento. Como pesquisadora e professora das séries iniciais, ela apresenta interessantes produções e análises que podem ser muito bem as dos nossos alunos, nas diferentes realidades brasileiras. No referido capítulo, encontramos sugestões e recomendações acerca da valorização do desenho no fazer matemática nos anos iniciais.

A resolução de problemas e a articulação de procedimentos espontâneos e linguagens formais podem tratar de um tipo de número que por vezes implica uma série de dificuldades no ensino, em função de conhecimentos inapropriados ou incompletos por parte dos professores: as frações. Desde o desconhecimento da diversidade conceitual até a não compreensão da fração como número, o tema comporta desafios para os professores. Tal desafio é tratado no quarto capítulo: *A fração nos anos iniciais: uma perspectiva para seu ensino*, escrito por Sandra Magina e Maria da Conceição Malaspina (PUC-SP) que, apoiadas em pesquisas em sala de aula, nos apresentam contribuições importantes. Por meio da intervenção pedagógica, as autoras trazem desde uma variedade de situações nas quais as frações estão presentes até a diversidade conceitual e as formas de representação ricamente fundamentadas com conhecimentos teóricos e práticos para a concepção de novas ações didáticas no ensino das frações. Nesse capítulo o professor-leitor encontrará produções de alunos em situações que tratam das seguintes noções das frações: parte-todo, quociente, medida e operador.

O tema tratamento da informação é campo recente no currículo brasileiro do ensino fundamental e, portanto, comporta uma série de dúvidas em relação ao quê, quanto, quando e como ensinar. Devido a esse fato, é comum observamos uma repetição de conteúdos semelhantes sendo ensinados de uma série para outro, de forma repetitiva, sem que haja alteração dos contextos, gradação de dificuldades e linguagens, como é o caso de gráficos em barras verticais que aparece sempre da mesma forma desde os primeiros anos do ensino fundamental.

A pesquisadora e educadora Gilda Guimarães (UFPe) apresenta no quinto capítulo uma importante contribuição aos professores ao discutir *Estatística nos anos iniciais de escolarização* com uma temática que provavelmente não foi objeto de estudo na formação inicial dos atuais professores dos anos iniciais, de modo que muitos não tiveram a oportunidade de uma formação mais aprofundada nesse bloco de conhecimento, apesar de sua presença no currículo escolar brasileiro. A partir das múltiplas publicações sobre o tema, a autora busca travar um diálogo de ordem conceitual e metodológica com o professor-leitor, visando destacar a importância do estudo do tema ao longo da escola fundamental regular e da educação de jovens e adultos. Afinal, as noções básicas de estatística na escola favorecem o desenvolvimento de um cidadão mais crítico e participativo. O objetivo desse capítulo é, em especial, facilitar a aprendizagem dos conceitos e habilidades no campo da educação estatística na escola básica.

Ao tratar de dificuldades encontradas por nossos professores no campo da educação matemática, não poderíamos deixar de desenvolver um importante debate acerca da inclusão, no domínio mais estrito da aprendizagem matemática. Regina Andréa Fernandes Bonfim (SEEDF), além de ser pesquisadora em Psicologia do Desenvolvimento Humano e licenciada em Matemática, atua na área de ensino especial com atenção ao tema do Capítulo 6: *Inclusão e educação matemática*. Mais do que relatar ricas experiências realizadas na sala de recursos visando a aprendizagem matemática de alunos portadores de necessidades educacionais especiais, a autora busca mostrar a necessária e desejável articulação entre a pesquisa e a intervenção psicopedagógica. O texto trata de dificuldades de jovens entre 13 e 17 anos, do 7º ano do ensino fundamental com a compreensão da estrutura do sistema de numeração decimal, um conteúdo fundamental na aprendizagem matemática. A apresentação dos procedimentos de intervenção brinda os professores-leitores com ideias fundamentais quanto à metodologia de trabalho, abordando situações-problema utilizadas, materiais didáticos manipulativos e objetos culturais que permitem a realização da atividade matemática com maior significado. Os estudos realizados pela autora revelam o quanto podemos promover a aprendizagem e o desenvolvimento na matemática quando a intervenção é realizada de forma apropriada, revelando, para além das dificuldades, a existência de possibilidade de construção e ampliação de estruturas de pensamentos bem mais poderosas que qualquer dificuldade. O texto, cuja intenção era atender aos professores que atuam com alunos com necessidades especiais, termina por ser uma contribuição importante na direção de uma aprendizagem mais efetiva do sistema de numeração decimal para todos os alunos.

Mesmo não abrangendo todos os temas que poderiam e mereceriam ser abordados e levados aos professores no sentido de auxílio na superação da dificuldade no ensino- aprendizagem da matemática, este livro apresenta contribuições relevantes no campo da educação matemática, que – apoiadas no desenvolvimento da pesquisa e no convívio diário com alunos, professores e escolas por meio de exemplos da sala de aula, suas reflexões e uma discussão construtiva e dialógica – permitem que professores se apropriem de forma mais qualitativa dos produtos da pesquisa científica para a construção da práxis da matemática em nossas escolas.

Sumário

Técnicas e tecnologias no trabalho com as operações aritméticas nos anos iniciais do ensino fundamental

Marilena Bittar
José Luiz Magalhães de Freitas
Luiz Carlos Pais

1

O objetivo deste capítulo é fazer uma análise do problema da sistematização de técnicas e de tecnologias das operações aritméticas nas séries iniciais do ensino fundamental. Este estudo é conduzido com informações recolhidas em três fontes de influência da atividade matemática escolar: livros didáticos, orientações propostas pelo poder público e práticas docentes em sala de aula. Para tratar desse objetivo em livros didáticos, entendemos ser conveniente destacar semelhanças e diferenças existentes entre textos publicados mais recentemente e algumas obras históricas adotadas em escolas brasileiras. Embora exista uma tendência de aproximação das práticas prescritas em livros didáticos atuais com as orientações presentes nos Parâmetros Curriculares Nacionais (PCN) e nos guias publicados pelo Plano Nacional do Livro Didático (PNLD), essas duas fontes de influência da matemática escolar devem ser confrontadas com as efetivas práticas docentes desenvolvidas em sala de aula.

A análise realizada em torno dessa questão é conduzida com base em uma abordagem antropológica do estudo da matemática, na linha proposta por Yves Chevallard e colaboradores (2001). Mais especificamente, ao seguir essa linha teórica, nossa intenção é destacar as organizações matemáticas e didáticas propostas pelas fontes de referência para o estudo de técnicas aritméticas e suas respectivas tecnologias, sendo estas entendidas como justificativas ou explicações concernentes às técnicas mencionadas.

Com base nesses pressupostos teóricos, – que abordaremos muito rapidamente, pois nosso objetivo não é realizar uma discussão teórica, mas sim dar fundamentos para a análise – passamos a discutir, em primeiro lugar, as técnicas de cálculo prescritas para o estudo das operações de adição, subtração, multiplicação e divisão. Para que essa análise possa sinalizar possíveis implicações na formação docente, procuramos apontar algumas perspectivas atuais quanto ao uso de recursos didáticos, tais como materiais didáticos manipulativos, papel e lápis, procedimentos de cálculo mental, e dos algoritmos fundamentais utilizados para a realização dessas operações. A escolha desses recursos sinaliza a opção em adotar certas técnicas, que estão inseridas em três organizações didáticas principais com as quais conduzimos este capítulo.

O problema didático da sistematização

Entre as orientações propostas para o ensino da matemática, a sistematização se destaca com mais evidência por ser considerada uma das condições para a institucionalização do saber. Trata-se de trabalhar com alguns elementos característicos do saber matemático, como definições, propriedades, teoremas, procedimentos de validação, classificações, regras, algoritmos, entre outros. Estes são elementos que caracterizam uma parte essencial da cultura matemática escolar. Mas, ao assumir uma posição de valorização desses elementos, somos levados a observar o risco desastroso de duas posições igualmente radicais. Uma delas consiste em tentar eliminar, quase totalmente, a presença do estudo desses elementos, pelo menos, em certa vertente atual do ensino da matemática. É o caso, por exemplo, de alguns livros didáticos que apresentam todo o conteúdo por meio de atividades e quase não sistematizam o que foi discutido nas mesmas, ou seja, não apresentam o conteúdo ao aluno, deixando ao professor essa função. A outra opção, igualmente extremada, consiste em pretender atribuir a esses elementos uma função desvinculada da especificidade educativa da matemática escolar, confundindo paradigmas do saber acadêmico com aqueles pertinentes às instituições escolares. Isso acontece, por exemplo, quando todo o conteúdo é apresentado pronto para o aluno, sem propor atividades que permitam a ele elaborar o conhecimento. A grande ênfase é dada à apresentação de definições e propriedades.

Um dos desafios da educação matemática escolar envolve a produção de um equilíbrio entre essas tendências extremas. Como professores interessados na construção coletiva desse equilíbrio, somos levados a indagar a propósito da importância ou da verdadeira função a ser atribuída à sistematização no estudo da matemática escolar. Por que os docentes devem trabalhar com essa categoria? Como não queremos perder de vista a especificidade de cada disciplina, no caso o ensino da matemática, somos levados a refletir sobre os limites educacionais das raízes positivistas nas práticas escolares. Essas raízes reforçam a importância de valorizar a sistematização de uma maneira, mais ou menos explícita, em relativa harmonia com a objetividade típica do saber matemático.

As práticas de sistematização de estruturas matemáticas no contexto escolar incluem a utilização de certos registros de linguagem pertinentes à dimensão educativa do saber escolar. Assim, ao trabalhar com a sistematização, o aluno é levado a desenvolver elementos de uma linguagem objetiva cujas possibilidades de aplicação ultrapassam, amplamente, o território das instituições escolares, ou seja, não se trata de pensar na sistematização como algo isolado ou reduzido no contexto do saber matemático. A valorização dessa categoria envolve a elaboração de sínteses de ideias, conceitos, procedimentos, condições objetivas, entre outros elementos do conteúdo (saber) matemático estudado. Finalmente, cumpre-nos lembrar que uma das principais questões existentes em torno da sistematização e diretamente vinculada à formação docente é o lugar atribuído aos professores como efetivos condutores das atividades de estudo da matemática escolar. Sobre essa questão, até que ponto os livros didáticos precisam conduzir a parte essencial da sistematização? Em outros termos, a função da sistematização na condução didática do estudo da matemática é uma incumbência essencialmente ligada ao trabalho do professor em sala de aula uma vez que, qualquer que seja a posição adotada pelo livro didático, cabe ao educador realizar a sistematização com os alunos.

Diante dos pressupostos acima descritos, concluímos que a questão da sistematização no ensino da matemática, de suas potencialidades educacionais, está intimamente ligada ao problema da formação docente e leva-nos a destacar a transposição didática – a transformação do saber científico, acadêmico, em saber a ser ensinado (aquele presente nos livros didáticos) – existente na rede de instituições envolvidas com as práticas docentes. Em certos casos, as relações presentes na transposição didática envolvem a reprodução ou a redefinição de técnicas mais simples ou mais resumidas do que as referências oriundas do saber matemático. Em casos extremos pode ocorrer uma redução excessiva das informações tecnológicas associadas a uma técnica cujas explicações detalhadas são remetidas a outras instituições. Na vertente tecnicista, pode ocorrer que as explicações tecnológicas estejam praticamente ausentes, o que nega o movimento de profissionalização das práticas docentes. A orientação de um livro didático inserido nessa vertente consiste em priorizar, quase somente, a descrição de instruções a serem seguidas pelos alunos, sem maiores justificativas, explicações ou esclarecimentos, a não ser quanto à técnica em si.

Opções metodológicas

Levando-se em consideração a variedade de contextos e épocas, observa-se que existem diferentes tendências metodológicas no cenário geral das instituições e, portanto, a transposição didática, pode ocorrer dentro de um amplo espectro de variação. Enquanto alguns autores de livros didáticos ou professores optam em priorizar o ensino dos aspectos técnicos, desconsiderando explicações tecnológicas, outros se direcionam para outra posição extrema, na qual a prioridade é atribuída muito mais à dimensão tecnológica do que à técnica. Em torno dessa segunda tendência se reúnem as práticas que colocam em primeiro plano o ensino das propriedades, teoremas, demonstrações, modelos, entre outros aspectos teóricos do saber matemático. A análise dessas orientações metodológicas não envolve apenas uma questão sequencial ou de ordem na apresentação das atividades matemáticas. Iniciar o estudo de um tema matemático com a sistematização ou com uma atividade pontual pode indicar sinais de uma opção metodológica.

Consideramos que um educador cultiva uma *prática tecnicista* quando prioriza o ensino das técnicas envolvidas na resolução das tarefas matemáticas, em detrimento do próprio processo de construção das mesmas ou dos argumentos relativos à sua validade. Diferentemente, entendemos que se o enfoque principal atribuído pelo professor, na condução das atividades escolares, estiver mais voltado para a construção das justificativas ou das explicações referentes aos procedimentos matemáticos, trata-se de uma *prática tecnológica*. Entretanto, não é apenas a ordem de apresentação que caracteriza uma posição mais tecnicista ou mais tecnológica, mas, sobretudo a ênfase que é dada.

Entre as orientações mais tecnicistas e mais tecnológicas há uma terceira que podemos denominar, genericamente, de construtivista, seguindo aqui a proposta de Gascón (2003), ao analisar as diferentes organizações didáticas presentes no ensino da matemática. A vertente construtivista incorporou o discurso da necessidade de levar o aluno a interagir mais intensamente com a elaboração do conhecimento. As inovações pedagógicas propostas pelo movimento da Escola Nova influenciaram práticas mais ativas em várias disciplinas escolares. Porém, a inserção efetiva dessas propostas não ocorreu ao mesmo tempo ou da mesma maneira nos diferentes campos disciplinares. Euclides Roxo (1934) observa que, no contexto do ensino primário, as propostas da Escola Nova eram mais bem aceitas pelos professores do que no ensino secundário, que ofereciam maior resistência em alterar as suas práticas.

De acordo com a interpretação proposta por Gascón (2003), as orientações acima mencionadas sinalizam para três tendências que representam, de forma aproximada, as práticas docentes no ensino da matemática. A primeira delas consiste em atribuir maior valorização aos aspectos práticos ou técnicos do estudo da matemática, a segunda se caracteriza pela maior valorização de aspectos teóricos e tecnológicos, e terceira tendência consiste em priorizar atitudes mais exploratórias ou construtivistas da atividade matemática escolar. Esse modelo fornece uma visão geral do problema das práticas docentes. Mas, ao considerar um contexto localizado do ensino da matemática, é preciso detalhar o funcionamento do modelo proposto porque há uma distância considerável entre uma prática idealizada e as realidades imediatas do cotidiano escolar. Não podemos esquecer que as bases institucionais subsidiam as opções pessoais dos professores. Estabelecer uma disputa entre orientações institucionais pode não contribuir para ampliar as condições de melhoria da educação matemática. Se um professor opta, em função de sua vivência, de sua formação profissional ou, ainda, de suas condições de trabalho, por priorizar uma das três vertentes praxeológicas acima descritas, seria muito difícil forçá-lo a desertá-la e se filiar a outra.

Parece plausível que uma atitude pertinente para o avanço do debate pedagógico seria cultivar o exercício de sempre considerar a realidade do contexto no qual estão inseridas as instituições escolares, fazendo com que cada crítica seja feita em referência à orientação metodológica seguida pelos professores. Toda crítica se expressa a partir de uma posição e não é possível pertencer a instituições tão distintas ao mesmo tempo. Para cada proposta metodológica existe uma escala de qualidade. No contexto interno de cada uma das três tendências é possível identificar casos extremos, visões radicais que podem, inclusive, negar princípios essenciais da própria orientação. Em outros termos, é possível haver posição mais voltada para a valorização do ensino das técnicas matemáticas, de maneira relativamente significativa para o aluno e com resultados satisfatórios para conduzir atividades matemáticas pertinentes. No outro extremo, pode haver práticas que degeneram para a ausência do uso da técnica. Por exemplo, no caso das tabuadas, há os que defendem que basta compreender, construir e perceber relações; enquanto para outros o importante é ter os resultados disponíveis na memória e utilizá-los de maneira eficaz para efetuar as operações aritméticas. Essas posições extremas nos parecem ambas equivocadas.

Sobre técnica, a tecnologia e as quatro operações

Para o estudo das diferentes organizações contidas em livros didáticos, utilizamos como base teórica o conceito de praxeologia, desenvolvido por Chevallard (1999). De forma resumida, esse conceito pode ser caracterizado por um conjunto de *tarefas* a serem cumpridas; de *técnicas*, que são as formas de cumprir as tarefas; de *tecnologias*, entendidas como os discursos que justificam, explicam e validam as técnicas, e de *teorias* que justificam e explicam as tecnologias. Assim, diante de uma determinada tarefa matemática, deve-se buscar um jeito de fazer, algo que torne possível realizá-la de forma eficiente. Chevallard define como técnica matemática cada um desses "jeitos de fazer" uma tarefa matemática.

Sobre os conceitos de técnica e tecnologia segundo Chevallard e colaboradores (2001, p. 125):

> **A existência de uma técnica supõe também a existência subjacente de um *discurso interpretativo e justificativo da técnica e de seu âmbito de aplicabilidade e validade*. Chamaremos a esse discurso sobre a técnica de uma tecnologia (de *tékhne*, e *logos*, discurso).**

Como educadores, almejamos encantar nossos alunos de modo que explorem situações que sejam desafiadoras para eles e que os estimulem a realizar descobertas, identificar relações, enfim, que aprendam a gostar de estudar e aprender matemática.

No trabalho com o ensino e a aprendizagem de números e operações, o grande desafio seria encontrar um equilíbrio adequado entre fazer contas e justificar ou compreender minimamente os procedimentos utilizados. Para que isso ocorra, é necessário partir dos conhecimentos prévios das crianças, pois elas conhecem os rudimentos das operações antes mesmo de entrar na escola. É comum dividirem balas, cartas ou outros objetos entre si. Ou seja, elas sabem juntar quantidades, dividir em partes iguais usando objetos de seu cotidiano, realizando contagens e sobrecontagens, tendo já memorizado a sequência dos primeiros números naturais, excluindo o zero. Isso nos dá, de imediato, duas lições: é preciso partir do conhecimento da criança e não do "nada", como se ela não tivesse conhecimento prévio e, além disso, a escola tem a tarefa de sistematizar esses conhecimentos, proporcionando à criança uma adequada alfabetização matemática. A escola tem, assim, a tarefa de sistematizar esses conhecimentos, proporcionando a construção do pensamento matemático pela criança. Caniato (1983, p. 36), analisando práticas de sala de aula envolvendo conteúdos de ciências, conclui:

> **Podemos estar tão habituados a repetir as mesmas coisas que já nem nos damos conta de que muitas delas podem ter sido simplesmente acreditadas. Muitas dessas coisas podem ser simples "atos de fé" ou crendices que nós passamos adiante como verdades científicas ou históricas: *ATOS DE FÉ EM NOME DA CIÊNCIA* [...] Todas as crianças têm uma curiosidade nata para saber os *como* e os *por que* das coisas, especialmente da natureza. À medida que a escola vai ensinando, o gosto e a curiosidade vão-se extinguindo, chegando frequentemente à aversão.**

No caso anterior, embora o autor estivesse tratando de Ciências, acreditamos que na disciplina de matemática isso também possa ocorrer. A adoção da posição extrema de dar ênfase na apresentação de regras e algoritmos, sem justificativas que possibilitem um mínimo de compreensão, pode também privar o aluno de importantes descobertas, do exercício do espírito científico e do gosto pela matemática. Como dissemos anteriormente, isso não significa que a priorização da abordagem experimental, com a quase ausência de sistematizações, seja na forma do trabalho com a técnica ou de estudo teórico de conceitos, também não possa causar efeitos perversos.

Então, conclui-se que não seria aconselhável, nos anos iniciais da escolarização, enfatizar os algoritmos e as propriedades das operações em detrimento da compreensão do sentido destas. Isso não significa, no entanto, que as técnicas e os algoritmos devam estar ausentes da escola, mas simplesmente não devem ocupar lugar central, ou totalitário, na aprendizagem das operações aritméticas. Com relação aos algoritmos e regras, é importante considerar que os mesmos poderão ser compreendidos ou usados normalmente pelas crianças, após várias investidas. Ou seja, provavelmente muitas crianças não compreendam ou saibam usar os algoritmos apesar de tê-los visto uma vez, ou várias vezes em um mesmo ano. A retomada em espiral dos conteúdos, em outros níveis e contextos, é considerada de fundamental importância para uma verdadeira aquisição do conhecimento. Assim, a criança tem liberdade e direito de usar outros procedimentos para efetuar seus cálculos sem punição se um determinado algoritmo ou uma determinada técnica não foi ainda adquirida. Ao contrário, é importante que seja estimulada a criar suas *técnicas* e discuti-las com o grupo, trabalhando assim sua capacidade de comunicação e de ouvir o outro, além de estimular sua criatividade, o que é fundamental para o pensamento matemático.

As técnicas ou "jeitos de fazer", de modo geral, têm certo grau de escolhas e de indeterminação, mesmo quando as definições matemáticas parecem estar claras e precisas. No entanto, é importante deixar claro que nem toda técnica se apresenta na forma de um algoritmo, sendo esse termo entendido aqui como uma sequência ordenada de procedimentos a serem executados para a resolução de um problema ou apenas para a execução de uma operação matemática. Segundo Chevallard e colaboradores (2001, p. 124):

> **Embora os algoritmos sejam um tipo muito particular de técnica, é importante não confundir ambas as noções. Somente em ocasiões excepcionais uma técnica matemática pode chegar a ser sistematizada a tal ponto que sua aplicação esteja totalmente determinada e possa, portanto, ser considerada um algoritmo.**

Em nosso caso, as tarefas são as operações aritméticas a serem efetuadas com números naturais e as técnicas são as formas de efetuá-las. Para a realização das operações aritméticas, observa-se nos livros didáticos e nas práticas pedagógicas de professores que ensinam matemática, a utilização de várias técnicas, sendo a maioria delas na forma de algoritmos.

Historicamente, observa-se que há técnicas operatórias que desaparecem e se tornam obsoletas, por exemplo, a extração de raiz quadrada ou cúbica de um número. Elas deixaram de ser utilizadas, pois surgiram instrumentos e técnicas de cálculo mais eficientes e práticos. Hoje elas não são mais necessárias, particularmente diante de instrumentos eletrônicos de cálculo acessíveis, como a calculadora e o computador, que permitem ganhar tempo e evitar o trabalho enfadonho. Para outras técnicas, o desaparecimento pode ter ocorrido pelo fato de a tecnologia correspondente a elas apresentar um nível de complexidade elevado ou ainda pelo pouco alcance das mesmas, o que quer dizer que elas resolvem poucos tipos de exercícios, sendo, portanto, necessário substituí-las por outras mais eficientes.

Assim como ocorre com as técnicas, algumas tecnologias também podem viver com intensidade em uma época e desaparecerem do cenário em outra. É o caso, por exemplo, da prova dos noves e da prova real, que analisaremos mais adiante. Essas técnicas eram muito utilizadas na forma de apresentação clássica dos livros mais antigos, até meados do século passado.

A seguir, será feita uma análise de técnicas e tecnologias concernentes às operações de adição, subtração, multiplicação e divisão encontradas em livros didáticos antigos e atuais. Para esse estudo serão dados alguns exemplos inspirados nesses livros didáticos.

Adição

A adição é considerada a principal entre as quatro operações básicas. As demais seriam decorrentes dela, em particular a subtração cujo nível de conexão é tal que, segundo Vergnaud (1990), os conceitos envolvendo essas duas operações, formam um campo, por ele denominado de campo conceitual aditivo. No entanto, ainda parecem existir elementos da cultura escolar que reforçam a tradição de abordá-las de forma desconectada.

Vamos analisar inicialmente a adição, com números de dois ou mais algarismos, a partir da apresentação em livros didáticos. Iniciamos com a análise de um exemplo típico de apresentação da adição de números de dois algarismos, para alunos do 2º ano da educação básica, para ilustrar uma organização didática muito frequente em livros didáticos do início da década de 1980. Nesse período, no ensino da técnica de adição de números de dois algarismos, a opção mais frequente era iniciar com a apresentação de um modelo, seguido de exercícios muito semelhantes. Para a reprodução eficiente dos modelos pelos alunos, era usual descrever cada uma das etapas a serem efetuadas.

A seguir, um exemplo típico em que o aluno deve observar a adição realizada e a técnica empregada, ilustrada e explicitada por meio de frases.

Observe o exemplo:

$$\begin{array}{r} 12 \\ +\ 56 \\ \hline 68 \end{array}$$

Dezenas	Unidades
1	2
5	6
6	8

Adicionamos unidade com unidade e dezena com dezena.

Após essa apresentação eram dados exercícios com diferentes situações, algumas vezes, inclusive, denominadas como *passos* por autores de livros didáticos. Assim como feito no momento da apresentação da técnica, nesse momento cada situação era apresentada por meio de um modelo resolvido a ser observado e repetido pelo aluno.

1ª situação: A primeira parcela é um número de dois algarismos e a segunda um número de um só algarismo, sem reserva.

21	13	27	52	71
+ 4	+ 5	+ 2	+ 6	+ 8
25	18	29	58	79

2ª situação: Duas parcelas com números de dois algarismos, sem reserva.

25	22	44	32	65
+ 12	+ 14	+25	+ 51	+23
37	36	69	83	88

3ª situação: Duas parcelas com números de dois algarismos, com a soma dos algarismos da ordem das dezenas maior que 10, sem reserva.

83	75	54	81	92
+ 42	+ 42	+ 65	+ 75	+ 66
125	117	119	156	158

4ª situação: Três parcelas com números de dois algarismos, sem reserva.

35	21	14	15	22
12	+ 34	+ 21	+ 32	+ 25
+ 22	13	42	41	31
69	55	77	88	78

5ª situação: Três parcelas com números de dois algarismos, com a soma dos algarismos da ordem das dezenas maior que 10, sem reserva.

24	25	42	31	43
+ 52	+ 61	+ 54	+ 62	+ 62
81	32	53	54	42
157	118	149	147	147

6ª situação: Duas parcelas com números de dois algarismos, com reserva na ordem das dezenas.

47	63	25	68	55
+ 35	+ 28	+ 36	+ 17	+ 25
82	91	61	85	80

7ª situação: Duas parcelas com números de dois algarismos, com reserva na ordem das dezenas e soma da ordem das dezenas maior que 10.

56	45	89	65	44
+ 78	+ 77	+ 32	+ 86	+ 86
134	122	121	151	130

Nessa sequência procura-se obedecer a uma hierarquia de níveis de dificuldade, os quais visam facilitar a progressão dos alunos por pequenos passos, conforme é possível observar pelos enunciados que identificam cada situação. Em uma organização didática como essa, normalmente haveria ainda atividades complementares para exercitar o trabalho com a técnica e em seguida alguns "problemas de adição", também para reforçar esse trabalho. Tal modelo de apresentação seria semelhante para as demais operações.

Este tipo de abordagem do conteúdo, pelo professor ou pelo livro didático, caracteriza-se como uma organização didática *tecnicista*, pois ela é marcada pela ênfase no trabalho com a técnica, por meio de pequenos passos, sendo a experimentação e a teorização pouco exploradas. Vale a pena observar que esse mesmo tipo organização podia estar presente em livros didáticos com pequenas alterações relativas, especialmente ao uso simultâneo de três tipos de objetos ostensivos[1]: figuras, quadro de valores e desenhos. Um deles, bastante comum, é o ilustrado a seguir:

[1] O termo ostensivo está sendo usado neste texto no sentido proposto por Yves Chevallard e Marianna Bosch no artigo *Ostensifs et sensibilité aux ostensifs dans l'activité mathématique*, publicado na revista *Recherches en Didactique des Mathématiques*, vol. 19, 2001, pp 77-124.Um *objeto ostensivo* é sempre dotado de uma dimensão material, pode se acessível por um dos sentidos do corpo humano e no contexto de uma atividade matemática contexto da Didática da Matemática é associado a um objeto matemático: conceitos, teoremas, propriedades, modelos, entre outros, sendo estes considerados objetos não-ostensivos.

Observe o exemplo:

Entretanto, apesar do uso de diferentes ostensivos, a proposta é a mesma: observar determinado modelo e repeti-lo. Não há discussão sobre o funcionamento da técnica.

Outra forma de abordagem encontrada relaciona-se ao famoso "vai um". Um exemplo desse tipo é dado a seguir. Pede-se ao aluno para efetuar as adições transportando para os pequenos círculos as centenas e as dezenas.

①				①	①	
2	8	5		4	6	8
+	5	2		+	5	4

Evidentemente essa não é a única forma de abordagem da técnica para efetuar a adição de números de dois ou mais algarismos. Para uma ideia mais geral sobre outras técnicas para efetuar a adição, vamos fazer uma breve análise do tratamento dado a essa técnica por outros dois livros didáticos, sendo o primeiro anterior aos PCNs[2] e o segundo livro publicado logo em seguida.

A conquista da matemática: método experimental (Giovanni, 1986, v. 2)

É apresentada, inicialmente, a adição sem reagrupamento e, em um segundo momento, a adição com reagrupamento. Além do quadro valor de lugar, o autor utiliza dois outros tipos de objetos ostensivos: o material dourado[3] e o ábaco de pinos. Aqui já notamos um início de trabalho com material didático manipulativo, entretanto, não se percebe articulação entre o que é realizado com esse material e a sistematização do conteúdo.

---

[2] BRASIL. Secretaria de Educação Fundamental. *Parâmetros curriculares nacionais: matemática*. Brasília: MEC/SEF, 1997.

[3] Material produzido pela educadora italiana Maria Montessori (1870-1952), originalmente feito de "contas douradas" e destinado à educação de crianças excepcionais, mas que sofreu adaptações, sendo hoje bastante conhecido e utilizado, composto por um conjunto de cubos, barras e placas.

Novo: matemática no planeta azul (Pires e Nunes, 2001, v. 2)

Nessa obra, a técnica da adição é apresentada de forma breve por meio de decomposição de números e do quadro valor de lugar; também é feito uso de figuras na forma da linguagem em quadrinhos. As autoras buscam uma maior diversidade de contextos, representações e articulações, dando pouca ênfase para o trabalho com a técnica.

Algumas ideias sobre o trabalho com adição[4]

Para se efetuar um cálculo, é possível proceder de vários modos, porém nenhuma metodologia dará resultados satisfatórios se o sistema de numeração decimal não tiver sido apreendido. O valor posicional dos algarismos tem papel fundamental na materialização de uma operação. Ao se trabalhar a adição de números com duas ou mais ordens, é necessário um retorno à discussão sobre o valor posicional, ou seja, realiza-se um trabalho em espiral que permite a apreensão desse conceito. Assim, um conceito já visto é retomado, não como repetição do que já foi falado, mas ampliando-se o campo de estudo. Retoma-se, dessa forma, a discussão sobre o valor posicional, agora trabalhando um número com dois ou mais algarismos e realizando uma operação entre eles.

Experiências mostram que o uso de material variado contribui para a aquisição dos conceitos, portanto, todos os materiais disponíveis podem ser usados pelo professor, começando desde tampas de garrafas e pedrinhas, passando pelo material dourado e chegando ao quadro valor de lugar construído com materiais cotidianos (sapateira[5]) e ao ábaco. Esses dois últimos materiais são particularmente interessantes para construir, junto com os alunos, o algoritmo da adição, como veremos a seguir.

O uso da "sapateira" (com os amarrados) e da atividade do "nunca dez" auxilia na compreensão do significado do "vai um". Essa atividade, usada para o

---

[4] Essa parte do texto é fortemente inspirada do livro de Bittar e Freitas (2004), no qual são discutidos conteúdos e metodologias de matemática para os anos iniciais do ensino fundamental.

[5] Esse termo foi proposto por Nilza Bertoni, nos anos de 1980, e se refere ao quadro valor de lugar construído com material presente no cotidiano dos alunos, como canudinhos, por exemplo. Achamos apropriado usar essa terminologia nesse texto para deixar claro quando nos referimos ao material de manipulação e quando estamos falando do quadro valor de lugar representado no quadro negro ou no caderno do aluno, por exemplo.

estudo do sistema de numeração decimal, funciona do seguinte modo: o aluno recebe uma quantidade de material, canudos, por exemplo, a ser colocado na "sapateira", de acordo com a seguinte regra: inicia-se colocando material na posição das unidades, e coloca-se no máximo 9 canudos nessa posição. Se ainda sobrou material, entra aí a regra de nunca 10. Ao se colocar mais um canudo na posição das unidades, obtém-se 10, o que não é permitido, e então junta-se esses 10 canudos, amarrando-os com um elástico, e passa-se esse "amarradinho" para a posição das dezenas. Em seguida, continuamos colocando canudos na posição das unidades, até obter 10 canudos e repetimos o procedimento. A mesma regra é válida para as outras posições: ao se obter 10 amarradinhos na posição das dezenas, eles são novamente reunidos, usando um elástico, e colocados na posição das centenas, e assim por diante. Esse procedimento, de deixar amarrados os montes de 10, é interessante pelo fato de as crianças, ao olharem a "sapateira", perceberem que, se temos 7 amarradinhos na posição das dezenas, eles representam 7 grupos de 10, ou seja, 70 unidades. O trabalho com a sapateira oportuniza evoluir gradativamente até chegar ao quadro valor de lugar feito no quadro negro[6].

Esse mesmo procedimento será útil ao se efetuar uma adição, por exemplo, 17 + 15. Cada quantidade é representada em uma fileira no quadro valor de lugar; ao se adicionar 7 com 5, obtém-se 12 canudos e, então podemos deixar somente 2 na posição das unidades e passar 10 canudos amarrados para a posição das dezenas. Eis o famoso "vai um"!

É importante observar que, nesse momento, mesmo se a criança não começar somando pela posição das unidades, o resultado será o mesmo, pois ela somará 1 dezena com 1 dezena e obterá 2 dezenas, a serem colocadas na posição das dezenas; em seguida, passará às unidades e então procederá como já explicado. O professor não deve obrigar a criança a começar pela direita, ou seja, aceitar a regra sem sequer ter experimentado a dificuldade de outros procedimentos; é interessante, ao contrário, oferecer, pouco a pouco, situações em que a própria criança perceba que, começando pela posição das unidades, seu trabalho diminuirá e será mais prático, pois não precisa ir e vir entre as posições das unidades, dezenas e centenas, como seria o caso se a operação proposta fosse 67 + 95, ou ainda, 265 + 378.

---

[6] Essa atividade ajuda o aluno a construir alguns algoritmos, entretanto é preciso estar atento para que isso não crie dificuldades no momento em que é necessário colocar mais de 9 unidades no campo das unidades (ou dezenas), como acontece, por exemplo, na subtração. Para conhecer uma versão em forma de jogo, sugerimos *Materiais didáticos para as quatro operações*, de Virgínia Cárdia Cardoso (5.ed. São Paulo: CAEM/IME-USP, 2002).

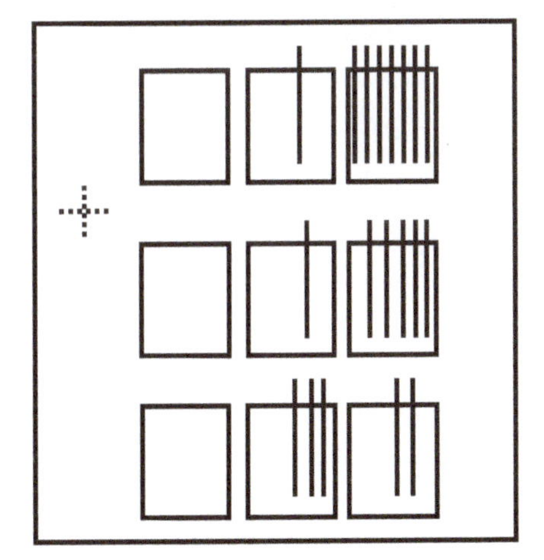

Figura 1.1
Exemplo de soma com a sapateira.

Decompor para somar

A decomposição de um número em unidades, dezenas e centenas é muito útil para calcular o resultado de uma adição. De fato, suponhamos que queremos encontrar o resultado da seguinte adição 45 + 32 e, para tanto, proporemos à criança o uso do material dourado. Podemos imaginar que ela colocará unidades com unidades e dezenas com dezenas. Em seguida, para pronunciar o resultado, verá que tem 7 dezenas e 7 unidades, o que significa que o resultado procurado é 77. Agora, mudemos as parcelas e peçamos que efetue 45 + 38. Ao juntar unidades com unidades e dezenas com dezenas, ela obterá 7 dezenas e 13 unidades. Ora, como não podemos ter um grupo com dez ou mais elementos em uma mesma posição (a regra do "nunca dez"), ela deverá efetuar uma troca: pegará dez unidades (dez cubinhos pequenos) e trocará por uma dezena (uma barra). Finalmente, ela terá obtido 8 dezenas e 3 unidades, ou seja, o resultado da operação é 83.

Acreditamos que atividades desse tipo, realizadas repetidamente e mudando-se o grau de dificuldade, favorecem a construção do algoritmo, pois, nesse caso, são adicionadas unidades com unidades, dezenas com dezenas, e assim por diante. E, a cada vez que temos como resultado um grupo de dez elementos (p. ex., unidades ou dezenas), devemos efetuar a troca por um elemento da ordem imediatamente superior. Além disso, o trabalho com decomposição representa uma das técnicas possíveis para a realização do cálculo mental, conforme veremos na seção dedicada a esse tema. Vejamos, para finalizar, um exemplo de adição usando a decomposição:

$$
\begin{aligned}
126 + 213 &= (100 + 20 + 6) + (200 + 10 + 3) = \\
&= (100 + 200) + (20 + 10) + (6 + 3) = \\
&= 300 + 30 + 9 = \\
&= 339
\end{aligned}
$$

É importante estimular os alunos a realizar mentalmente as etapas realizadas no papel e, para tanto, pode-se começar com quantidades menores. Efetuando vários cálculos desse modo, o aluno estará tornando-se apto a realizá-lo também mentalmente, porém observamos que cada aluno poderá desenvolver essa capacidade em tempo diferente, o que precisa sempre ser respeitado.

Subtração

No trabalho com a técnica de subtração, a dificuldade maior surge no momento de efetuar a adição com reserva, ou seja, em como preparar o minuendo da subtração, também conhecida como "empresta um". Como no caso da adição, de modo geral, os livros apresentam primeiramente a subtração sem reservas e depois com reservas.

Uma técnica que já foi bastante utilizada em outras épocas e que não aparece mais nos livros didáticos das últimas décadas é o algoritmo da subtração, no qual eram utilizados pontinhos em vez de reescrever o minuendo "preparado" para a subtração, também conhecido como "empresta um", ou algoritmo da compensação. Vamos ilustrar tal algoritmo efetuando 35 - 17 com a técnica operatória usual e com o algoritmo dos pontinhos.

Nessa técnica, o ponto colocado ao lado do algarismo 5 passava a valer 15 unidades e o ponto colocado ao lado do algarismo 1 passava a valer 2 dezenas. Essa técnica se baseia na propriedade (tecnologia) de que se acrescentarmos a mesma quantidade ao minuendo e ao subtraendo o resultado da subtração não sofre alteração. Nesse exemplo, em vez de efetuar 35 - 17 foi calculado 45 (35 + 10) - 27 (17 + 10).

Técnica operatória usual	Algoritmo dos pontinhos
D U	D U
2 15	3 • 5
-1 7	• 1 7
1 8	1 8

No livro ***Explicador de aritmética*** (Castro, 1885, p. 34-35), encontramos:

Regra: **Junta-se dez unidades ao algarismo superior e uma ao algarismo inferior seguinte.**

Exemplo:

6 7 5
- 3 8 7
2 8 8

O algarismo superior das unidades é menor que o inferior: portanto, para tornar possível a subtração, juntam-se 10 unidades ao algarismo superior 5 e ficam 15, das quais subtraindo 7, vem para resto 8: passando à casa seguinte, junta-se uma unidade ao algarismo 8 do número inferior que fica valendo de 9; e, como não é possível subtraí-lo de 7, procede-se da mesma forma, isto é, juntam-se 10 unidades ao algarismo superior 7 (que fica valendo 17, de que, subtraídos 9, restam 8), e uma unidade ao algarismo inferior seguinte, que fica valendo 4, e subtraído de 6, dá resto 2.

Demonstração da regra. ... **funda-se no princípio de que se se juntar a ambos os termos de uma diferença o mesmo número, essa diferença não se modifica. Isso se vê bem chamando 8 o minuendo ou um termo da diferença, e 4 o subtraendo, ou outro termo da diferença ; isto é:**

8 - 4 = 4

Juntando a ambos os termos da diferença 4 o mesmo número, por exemplo o número 10:

18 - 14 = 4

Expressão esta que mostra que a diferença 4 não sofreu variação alguma.

Ora, com efeito, quando se juntam 10 unidades ao algarismo superior, têm-se somado 10 unidades a todo o minuendo, e por esse fato o resto vem aumentado de 10 unidades, porque quanto maior é o minuendo, maior é o resto; quando se junta uma unidade ao algarismo inferior seguinte à esquerda, é o mesmo que ter juntado a todo o subtraendo 10 unidades daquelas que se juntou ao minuendo, pois sempre uma unidade da esquerda vale 10 da direita; e então por isso se fez o resto diminuído de 10 unidades, porque quanto maior é o subtraendo, menor é o resto; e como ao mesmo tempo se tem aumentado o diminuendo o resto da mesma quantidade 10, segue-se que ele não variou.

Observamos, nesse livro, a forte presença de um tipo de tentativa de diálogo permanente com o leitor, por meio de um discurso que é utilizado tanto para explicar o funcionamento da técnica quanto para justificar sua validade. Esse tipo de discurso era encontrado mais intensamente nos livros didáticos mais antigos. Nos livros didáticos das últimas décadas, essa forma discursiva foi drasticamente reduzida. Certamente, isso se deve em grande parte à evolução dos recursos gráficos, como a utilização de fotografias e imagens computacionais digitalizadas, o que contribuiu para que essa mudança ocorresse.

O algoritmo mais conhecido para se efetuar a subtração é aquele em que são feitas trocas. Portanto, a expressão "empresta um", usada por muitos professores, é inadequada, pois quando efetuamos a operação não há empréstimos e sim decomposição de dezenas em unidades, centenas em dezenas e assim por diante. De fato, se formos subtrair 13 de 21, teremos que retirar 3 unidades de 1 unidade, o que não é possível, pois na posição das unidades não há unidades suficientes para tal. Dizemos assim que o minuendo não estava "preparado" para a subtração e, por isso, foi necessário "prepará-lo". Essa preparação consiste em tomar uma dezena entre as duas que compõem o 21 e trocá-la por 10 unidades. Imagine que estamos efetuando essa operação com a ajuda do material dourado. Nesse caso, temos, inicialmente, o 21 com duas barras que representam a dezena e um cubinho que representa a unidade. Desse total, precisamos retirar uma barra de dezena e três cubinhos de unidade. Como não temos cubinhos suficientes, teremos que trocar (ou decompor) uma barra por dez cubinhos (uma dezena se transforma em dez unidades). E, então, procedemos à subtração, obtendo o resultado, ou seja, efetivamente não houve empréstimos e sim trocas.

Esse trabalho pode ser iniciado com o material dourado e depois transposto para a sapateira e, finalmente, para o quadro valor de lugar, para, finalmente, passar ao algoritmo. Sempre que for efetuado um trabalho com material, recomenda-se transpô-lo para o papel, ou seja, deve-se sempre tentar escrever os procedimentos que estão efetuados. Desse modo, o algoritmo se constrói aos poucos.

Vejamos duas formas de efetuar uma subtração, que, além de contribuir para a construção do algoritmo, ajuda a instrumentalizar o aluno a efetuar o ***cálculo mental***.

425 - 116

Efetuaremos a subtração **retirando por partes**, ou seja, primeiro tiramos 100 de 425, e ficamos com 325. Em seguida, tiramos 10 e ficamos com 315, finalmente devemos retirar 6 unidades, daí é preciso trocar a dezena por dez unidades, no número 315 e então retiramos as 6 unidades e ficamos com 309. Organizando os dados, a conta pode ser escrita como segue:

425 - 100 = 325
325 - 10 = 315
315 - 6 = 309
425 - 116 = 309

Agora, vamos efetuar a subtração, acrescentando por partes; para tanto, partimos do 116 até chegarmos a 425, e esse procedimento pode ser escrito assim:

116 + 100 = 216
216 + 100 = 316
316 + 100 = 416
416 + 9 = 425

Finalmente, basta observar que acrescentamos 309, que é o resultado procurado.

É importante que o algoritmo seja construído, como no caso da adição, a partir do uso de material de manipulação como o material dourado e a sapateira, e posteriormente transposto para o quadro valor de lugar. Começa-se com problemas em que não há necessidade de efetuar trocas, ou seja, subtração sem reservas. Passa-se, em seguida, para casos simples como 25 - 9, em que será possível utilizar o material dourado (ele terá duas barras de 10 unidades cada uma e cinco cubinhos de uma unidade e se retira nove unidades; para tanto, troca-se uma barra de 10 unidades por 10 cubinhos e então efetua-se o cálculo). A seguir, colocam-se na sapateira dois grupos de 10 canudos amarrados no lugar da dezena, e cinco canudos na posição das unidades. Na fila de baixo, colocam-se nove canudos na posição das unidades. Para se efetuar a subtração, será necessário soltar um amarradinho de 10 canudos e colocá-lo na posição das unidades. Assim, após repetir esses procedimentos, o algoritmo poderá, pouco a pouco, ser introduzido, sem que seja uma construção arbitrária e sem sentido para os alunos. O trabalho com a sapateira deve ser seguido do trabalho no quadro-negro, com o quadro valor de lugar. Vejamos como fica, no exemplo acima, a representação no quadro valor de lugar do procedimento efetuado:

D	U
1	10
2	5
-	9
1	6

Outro algoritmo para efetuar essa operação é aquele da compensação, que é baseado na primeira propriedade da subtração anunciada no início desta discussão sobre a subtração, ou seja, *se adicionarmos a mesma quantidade ao minuendo e ao subtraendo o resultado não se altera*. Para exemplificar esse método, tomemos um exemplo, 425 - 116. Ao tentar efetuar a conta, vemos que não podemos retirar 6 unidades de 5, mas sabemos que podemos somar 10 unidades aos dois números e o resultado não se alterará.

Aqui reside uma dificuldade que deve ser trabalhada delicadamente com os alunos, caso o professor decida apresentar esse método: se adicionarmos 10 unidades às unidades de cada um dos nossos números, continuaremos não podendo subtrair 6 unidades de 5 unidades. Então, somamos 10 unidades às 5 unidades do 425, obtendo, assim, 4 centenas, 2 dezenas e 15 unidades. Para que o resultado da operação não se altere, devemos somar 10 unidades a 116, porém transformamos essas 10 unidades em 1 dezena e a somamos à outra dezena do 116, obtendo, assim, 1 centena, 2 dezenas e 6 unidades e agora podemos efetuar a subtração. Vejamos um esquema da situação:

	C	D	U
	4	2	5
-	1	1	6

→

C	D	U
4	2	15
1	2	6
3	0	9

Muitas vezes esse método é apresentado sem qualquer justificativa e a criança precisa então aceitar a regra e aprendê-la. Embora alguns algoritmos sejam mais difíceis que outros, às vezes os alunos só conseguem compreendê-los algum tempo depois, portanto, acreditamos ser este um procedimento inadequado a um ensino que vise a construção do conhecimento pela criança.

Vamos enunciar o Princípio Fundamental da Subtração, que se constitui uma ferramenta de validação do problema resolvido.

Em uma subtração de dois números naturais, somando-se a diferença ao subtraendo obtém-se o minuendo.

Vejamos um exemplo:

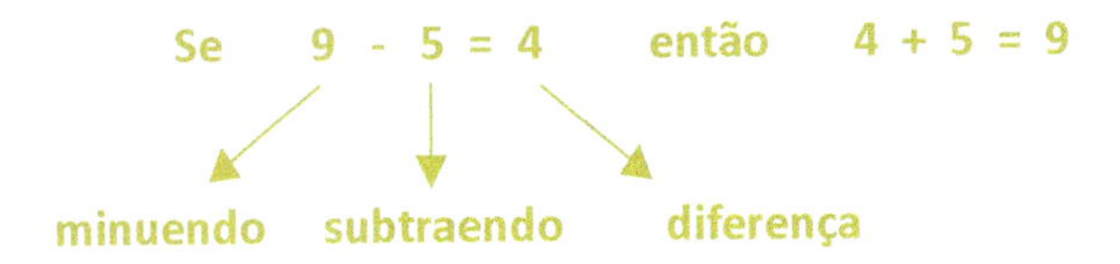

Para concluir esta parte, queremos ressaltar a importância de se explorar problemas variados envolvendo adição e subtração, conhecidos como problemas do campo aditivo. Entre as pesquisas desenvolvidas nessa área, com resultados contundentes, recomendamos as de Vergnaud (1990) e Franchi (1999).

Tecnologias do passado e do presente

Uma tecnologia para validar a correção das operações aritméticas efetuadas, que já esteve presente em livros didáticos de aritmética mais antigos, foi a denominada *prova dos noves* ou também *prova dos noves-fora*. Essa prova[7] é assim descrita em (Trajano, 1929, p. 25):

> **Prova dos noves-fora.** Esse processo aritmético consiste em somar dois a dois todos os algarismos de um número, e tirar em cada soma os noves e adicionar o resto com o algarismo seguinte. Esse processo é uma aplicação da adição e da subtração e, por isso, o damos neste lugar.
>
> **Problema.** Como se tira os noves-fora do número 75684?
>
> **Solução.** Começando a soma dos algarismos pelo lado esquerdo do número, diremos 7 e 5 são 12, tirando 9 resta 3. Somando agora este resto com o algarismo seguinte, diremos 3 e 6 são 9, tirando 9 resta nada. 8 e 4 são 12, tirando 9 resta 3. No número dado, o resto dos noves-fora é 3.
>
> **Quando se tira a prova dos noves-fora, diz-se abreviadamente 7 e 5 doze, noves-fora, 3 e 6 nove nada, 8 e 4 doze, noves-fora 3.**
>
> **Nota.** Antigamente, nas escolas, usava-se muito esse processo para tirar a prova das quatro operações; hoje, porém, tem caído em desuso, porque muitas vezes dá a operação como certa, estando errada, como se pode verificar, trocando de lugar os dois primeiros algarismos do número 75684. O resto dos noves-fora será o mesmo, mas dos dois números se tornarão diferentes, porque 75684 > 57684.
>
> **Regra.** Na operação de somar, tiram-se os noves-fora das parcelas e depois da soma e, se o resto for igual, é presumível que a conta esteja certa.

---

[7] A prova de uma operação é definida por Trajano (1929, p. 20) como "uma operação para verificar a exatidão da primeira". Embora o exemplo apresentado aqui seja de uma adição, para as demais operações também eram realizadas provas por meio do uso de operações. Por exemplo, a prova real da subtração consistia em somar o subtraendo e o resto e verificar se o resultado era igual ao minuendo. Na prova da multiplicação, invertia-se a ordem dos fatores e efetuava-se novamente a multiplicação; em seguida bastava verificar se o resultado dava o mesmo. A prova da divisão consistia em multiplicar o divisor pelo quociente e ao produto somar o resto (caso houvesse); se o resultado desse igual ao dividendo a operação estava correta.

> **Na operação de subtrair, tiram-se os noves do minuendo e depois do subtraendo junto com o resto e, se os dois restos forem iguais, é presumível que a conta esteja certa.**

Nessa época, Trajano já afirmava que esse processo estava caindo em desuso pela falta de confiabilidade e hoje, sobretudo pela facilidade de uso da calculadora, observamos que ele não é mais utilizado. No entanto, ainda hoje podemos ouvir comentários sobre esse tipo de prova, por pessoas que frequentaram a escola primária há mais de três décadas.

Outra forma de validação que também saiu de cena é a *prova real*. A partir de um exemplo da operação de adição, Trajano (1929, p. 22) assim a descreve:

> **Prova.** Há vários modos de tirar a prova de uma operação de somar, ensinados nas escolas, mas alguns deles não têm importância alguma, como a prova dos noves-fora, que dá muitas vezes a operação como certa, estando errada. A prova preferível, pela sua exatidão e por ser ao mesmo tempo analítica, é a seguinte que tem o nome de prova real:

```
  337
  440
   96
  208
 ----
 1081
 ----
   21
  16•
  9••
 ----
 1081
```

> **Passa-se um traço debaixo da soma e repete-se a adição, escrevendo debaixo de cada coluna a sua soma completa. A soma da primeira coluna é 21 unidades; a soma da segunda é 16 dezenas, ou 160 unidades, e a soma da terceira é 9 centenas ou 900 unidades. Ora, juntando os três resultados, teremos um total igual à soma das mesmas parcelas.**

Observamos que a prova consiste em efetuar novamente a adição, mas tomando o cuidado de somar primeiro as unidades, depois as dezenas e em seguida as centenas e finalmente somar todas elas. Trajano caracteriza essa prova como *analítica*, certamente pelo fato de decompor em partes e possibilitar a compreensão do significado do "vai um".

Multiplicação

Em geral, ao se falar em multiplicação, duas ideias principais vêm à mente: a tabuada e a soma de parcelas repetidas. Vamos estudar cada uma dessas ideias. Primeiramente, não podemos esquecer que além da ideia de adição de parcelas iguais, associa-se também à multiplicação o raciocínio combinatório. A exploração dessas duas ideias é fundamental para a compreensão da operação de multiplicação e para que os alunos consigam, diante de um problema, saber como se colocar ou que tipo de raciocínio devem ter. Veremos, a seguir, algumas situações-problema que exemplificam as duas ideias da multiplicação.

1. A escola de João comprou 5 bolas para as crianças jogarem futebol. Sabendo-se que cada bola custou R$12,00 quanto a escola gastou com a compra das bolas?
2. Se um saquinho de chicletes tem 6 chicletes, quantos chicletes haverá ao todo em 3 saquinhos?
3. A mãe de Cláudia fez 3 saias e 4 blusas para a boneca de Cláudia. Com essas roupas, de quantos modos diferentes Cláudia pode vestir sua boneca?
4. Quatro amigas se encontram para brincar. Se cada uma der um único aperto de mão em cada uma das três amigas, quantos apertos de mãos serão dados ao todo? Atenção: se Maria apertou a mão de Paula, então não contamos Paula apertando a mão de Maria, caso contrário essa dupla teria trocado dois apertos de mãos.[8]

Esse tipo de problema deve ser acompanhado de uma dramatização feita pelas crianças, para que elas possam entender o enunciado e programar uma

---

[8] Esse tipo de problema deve ser acompanhado de uma dramatização feita pelas crianças, para que elas possam entender o enunciado e programar uma forma para encontrar a resposta. Sem a dramatização, esse problema pode ser considerado de difícil compreensão pelas crianças. Sugerimos que uma vez realizada a dramatização, o professor trabalhe com os alunos formas de representar o problema através de um esquema que represente a situação simulada por eles.

forma para encontrar a resposta. Sem a dramatização, esse problema pode ser considerado de difícil compreensão pelas crianças. Sugerimos que uma vez realizada a dramatização, o professor trabalhe com os alunos formas de representar o problema através de um esquema que represente a situação simulada por eles.

Analisando os problemas propostos, observamos que os dois primeiros tratam da adição de parcelas iguais e os dois últimos, do raciocínio combinatório. Esses problemas devem ser abordados inicialmente usando material manipulativo, sobretudo os dois últimos, e o professor deve, pouco a pouco, incentivar o abandono do material concreto e a construção de um algoritmo.

Outro tipo de situação em que aparece a ideia de multiplicação é o cálculo de áreas, ou da quantidade de quadradinhos em que foi dividido um retângulo, por exemplo. É comum apresentarmos esse tipo de situação para ilustrar ou introduzir o conceito de multiplicação, o que é bastante interessante por permitir abordar outro campo conceitual além do numérico, trabalhando-se com uma figura geométrica. O uso da malha quadriculada se constitui em uma potente ferramenta para a construção do algoritmo da multiplicação com dois dígitos no multiplicador.

No que diz respeito à tabuada, duas posições se apresentam de forma antagônica: a primeira defende que é preciso decorar a tabuada a qualquer preço e a segunda é totalmente contra isso. Nós acreditamos que decorar a tabuada não deve ser o objeto central de atenção no momento de estudar a multiplicação, porém a compreensão da tabuada faz parte do conjunto de conhecimentos que o aluno precisa adquirir e o importante é que ela seja construída por ele. Não podemos esquecer que o uso da tabuada facilita os cálculos a serem realizados, somente não devemos colocar a tabuada à frente da aprendizagem do conceito que é a base da construção do procedimento pelo sujeito, nem exigir que a criança a saiba de cor após construí-la uma única vez. À medida que a criança realizar as atividades sobre multiplicação, ela vai, automaticamente, aprendendo alguns resultados sem precisar olhar na tabela e perceberá que isso lhe proporcionará maior agilidade nos cálculos escritos e mentais.

As técnicas e os algoritmos da multiplicação devem ser, assim como nas operações anteriores, construídos com os alunos a partir da manipulação de material concreto, como o material dourado, a sapateira e o quadro valor de lugar. É também importante elaborar situações que permitam aos alunos a descoberta de regularidades.

Do fato de que 3×4 significa $4 + 4 + 4$, observamos que o algoritmo da multiplicação e as técnicas de cálculo somente serão adquiridas a partir do conhecimento do aluno sobre algoritmos e técnicas de adição, que deverão ser retomados nesse momento. A multiplicação, sem formalizações excessivas, pode ser trabalhada em paralelo com a adição, ou pelo menos não é necessário que o aluno conheça tudo sobre uma operação para então passar para outra. Ao contrário, a cada vez as operações devem ser retomadas e seu estudo ir sendo aprofundado, em contextos variados.

A construção do algoritmo da multiplicação

Para construir o algoritmo da multiplicação, é necessário trabalhar passo a passo com a criança para que esta compreenda a conta que está fazendo. É comum encontrarmos até mesmo adultos que não sabem justificar o algoritmo. Vamos ver como podemos trabalhar para que o aluno possa compreender e construir o algoritmo. Vamos calcular 12 × 8 pela decomposição do 12 em unidades e dezenas, ou seja, em 10 + 2:

$$\begin{array}{r} 12 \\ \times\ 8 \\ \hline \end{array} \longrightarrow \begin{array}{c} 10 + 2 \\ \times\ 8 \\ \hline 80 + 16 = 96 \end{array}$$

O trabalho se desenvolve a partir da análise do resultado que se obtém a cada multiplicação. Assim, calculando-se 8 × 2, obtém-se o resultado 16 que significa uma dezena e seis unidades, da mesma forma, 8 × 10 resulta 80, que significa oito dezenas. Ou seja, se somarmos dezenas com dezenas e unidades com unidades, teremos nove dezenas e seis unidades. Com esse tipo de procedimento (técnica), repetido com outros números, a criança poderá, pouco a pouco, compreender que essa operação pode ser resolvida também fazendo-se 8 × 2 = 16, que representa uma dezena e seis unidades, coloca-se 6 na posição das unidades e a dezena será guardada para ser adicionada ao resultado de 8 × 1 dezena (ou 8 × 10).

$$\begin{array}{r|l} d & u \\ 1 & 2 \\ \times & 8 \\ \hline 8 + 1 & 6 \end{array}$$

Essa segunda técnica difere da primeira pelo fato de que, neste último, deve-se obedecer uma posição em que os números deverão ser colocados; de fato, ao efetuar 8 × 1 deve-se observar que estamos fazendo 8 vezes uma dezena e que, portanto, o resultado será dado em dezena. Esse procedimento permite também compreender o significado do "vai um". Vejamos mais um exemplo em que usaremos a técnica que acabamos de descrever e a técnica "rápida" usualmente feita com os alunos.

um	c	d	u	
	1	2	5	
	×	3	2	
		1	0	→ 2 × 5
		4	0	→ 2 × 20 = 40
	2	0	0	→ 2 × 100
	1	5	0	→ 30 × 5
	6	0	0	→ 30 × 20
3	0	0	0	→ 30 × 100
4	0	0	0	

	1	2	5
	×	3	2
	2	5	0
+ 3	7	5	0
4	0	0	0

Apesar de o segundo procedimento ser mais rápido, ele deve ser usado somente quando a criança compreender o que significa "vai um" e por quê, após multiplicar o 2 pelo 125, passa-se para a linha de baixo e ao se multiplicar 3 dezenas por 5, teremos 15 dezenas exatas, que são 5 dezenas e 1 centena. Por isso colocamos "zero" na posição das unidades, 5 na posição das dezenas, e a centena que resta deverá ser somada ao resultado de 3 × 2 (pois aqui temos o produto de dezenas que resulta em centena), e assim por diante. É importante fazer esses cálculos calma e pausadamente com os alunos, repetidas vezes para que eles compreendam o algoritmo. Muitas vezes, o algoritmo é ensinado de forma automática, limitando-se a repetir regras, como, por exemplo: quando passamos para a linha de baixo, sempre pulamos uma posição. E, se questionados sobre o motivo de se pular uma posição, muitas vezes não sabemos explicar, ou até mesmo não tínhamos pensado sobre isso, pois também aprendemos o algoritmo sem entender como funciona. Enfim, é preciso explorar com os alunos fatos como todo número multiplicado por dezena resulta uma dezena inteira (ou seja, não aparecem unidades menores do que 10 nesse produto), por isso, o resultado terminará sempre em zero.

Em síntese, acreditamos que a criança deve explorar diferentes formas de multiplicar um número pelo outro, deve trabalhar com o primeiro processo que descrevemos e que chamaremos de "longo" para então construir o algoritmo da multiplicação. Com algoritmo (regras), as contas são feitas mais rapidamente, o que é importante e necessário, no entanto, a construção do resultado, por meio da compreensão do processo, obriga o aluno a pensar mais. Dependendo da situação, o algoritmo poderá ser tanto uma ferramenta, para resolver problemas, quanto um objeto de estudo.

Divisão

A divisão foi, durante muito tempo, a última operação a aparecer nos livros didáticos, porém as crianças estão acostumadas a efetuar divisões antes mesmo de entrarem na escola, como já afirmamos. De fato, crianças de 4 ou 5 anos dividem objetos entre si, repartindo-os um a um. Assim, se 3 crianças têm um monte de balas para dividir entre si, geralmente elas distribuem uma para cada uma, alternadamente, até acabar com as balas e, caso uma ou duas balas sobrem, elas decidirão o que fazer.

A escola deve, portanto, partir desse conhecimento prévio da criança e então construir o conceito de divisão. Na operação de divisão, surge um problema relacionado à língua natural, ou à língua falada. Usamos a palavra divisão para dizer, por exemplo, que os seres humanos se dividem em homens e mulheres, porém sabemos perfeitamente que o número de homens não é igual ao número de mulheres. Assim, dividir pode significar, na linguagem comum, classificar, separar, marcar limites e repartir em partes iguais (o que nem sempre é possível). Na matemática, essa operação traz não somente essa última ideia como também a ideia de medir. Vamos explorar as ideias de repartir em partes iguais e de medir, usando dois problemas e discutindo técnicas de resolução.

a) Distribuindo 45 lápis entre 5 crianças de modo que cada criança receba a mesma quantidade de lápis e que não sobre nenhum lápis, quantos lápis cada criança receberá?

b) Vou distribuir 45 lápis entre as crianças da minha sala de modo a não sobrar lápis e que cada uma das crianças receba 5 lápis. Quantas crianças receberão lápis?

A primeira situação propõe a divisão de uma quantia em partes iguais e a segunda coloca o problema de saber quantas vezes o 5 cabe dentro do 45.

No primeiro problema, deseja-se dividir entre cinco crianças um número igual de lápis (observe que a divisão proposta é exata). Para resolver esse problema, as crianças podem começar usando material concreto, distribuindo um lápis para cada uma. Em seguida observam que sobram lápis, dão novamente um lápis para cada uma e, observando que ainda sobram lápis, repetem esse procedimento até acabar o número de lápis. Então, poderão contar quantos lápis cada uma recebeu e se certificar (caso sintam necessidade) de que a quantidade, para cada uma, foi igual. Esse procedimento deve ser trabalhado com material manipulativo variado, como o material dourado, fichas, palitos, grãos e, em seguida, traduzido para uma linguagem matemática (as crianças devem, juntamente com o professor, representar as contas que estão fazendo). Dizemos que esse procedimento é uma subtração reiterada. De fato, da quantidade total que temos a distribuir vamos subtraindo 5 lápis em cada rodada de distribuição. Assim, as crianças, após trabalharem um pouco, poderão representar a resolução do problema do seguinte modo:

$45 - 5 = 40$
$40 - 5 = 35$
$35 - 5 = 30$

E assim por diante, até chegar a $5 - 5 = 0$.

Essa representação favorecerá a construção do algoritmo da divisão, sobre o qual falaremos mais adiante. Quando vários problemas como esse forem propostos, as crianças encontrarão, certamente, caminhos mais curtos para se chegar à solução, subtraindo, por exemplo, em vez de um lápis para cada criança em cada distribuição, três ou quatro. Assim, o procedimento acima, para resolução do primeiro problema, pode ficar como segue:

$45 - 15 = 30$
$30 - 20 = 10$
$10 - 10 = 0$

Ou seja, foram dados inicialmente três lápis para cada criança, em seguida quatro e finalmente dois, o que significa que cada criança recebeu $3 + 4 + 2$ lápis, ou seja, 9 lápis. Observe que essa segunda forma de resolver o problema envolve a mesma ideia de repartir em partes iguais, constituindo-se somente em um mecanismo mais rápido para se chegar à solução. Ao se depararem com problemas envolvendo números maiores, as crianças procurarão, naturalmente, um caminho mais curto de solução.

Na resolução do segundo problema, a criança pode pensar também por meio de uma subtração reiterada: "Tenho 45 lápis e vou dar 5 para cada pessoa; então, se tiro 5 de 45, fico com 40. Daí, de 40 tiro novamente 5, fico com 35". Segue-se com esse raciocínio até se verificar que podemos retirar 9 vezes 5 de 45, ou seja, se desejo distribuir 45 lápis entre as crianças, de modo que cada uma receba 5 lápis, então 9 crianças receberão lápis. Por isso, dizemos que esse tipo de problema é um problema de medida, pois se mede quantas vezes é possível retirar 5 de 45, ou ainda, quantas vezes o 5 "cabe" no 45.

Algoritmo da divisão

Como ensinar o algoritmo da divisão e a técnica para efetuar a operação? Muitas vezes esse algoritmo é apresentado à criança sem justificativas, simplesmente a partir do princípio fundamental da divisão[9], exigindo-se que a criança faça o processo mais curto desde o início. Assim é o caso quando lhes dizemos, "para dividir 8 por 4 eu procuro o número que multiplicado por 4 dá resultado 8 ou o mais próximo possível de 8". Observemos que esse raciocínio não respeita o conhecimento anterior do aluno, nem a forma como ele estava acostumado a dividir, dificultando a compreensão do algoritmo. Devemos, como já dito, partir desse conhecimento e ir construindo os resultados desejados. Assim, se queremos dividir 8 por 4, podemos dar um para cada um e ver o que sobrou. Em seguida, divide-se esse resto novamente por quatro e assim por diante. Ao final do processo, quando finalmente o resto é menor que o dividendo, basta somar o que obtivemos no quociente. Vamos ilustrar ao lado.

```
  8 |4
 -4  1 + 1 = 2
  4
 -4
  0
```

Essa técnica é usada por crianças para dividir quantidades, antes mesmo de entrarem na escola, porém sem formalismos; os cálculos são efetuados com base nos materiais que têm para distribuir (balas, bolinhas de gude, palitos,...). Assim, acreditamos que começar o processo de divisão através desse tipo de

[9] Em uma divisão de dois números naturais, com o divisor diferente de zero, o dividendo é igual ao produto do divisor pelo quociente somado com o resto. Em linguagem matemática, escrevemos $D = q \times d + r$ em que D é o dividendo, q é o quociente, d o divisor e r o resto.

atividade e usando o conhecimento anterior do aluno favorecerá a construção do algoritmo por ele. Começando com números pequenos e aumentando gradativamente levará os alunos a melhor elaborar e construir a técnica de divisão. Se lhes pedirmos para dividir 62 por 6, por exemplo, eles podem começar distribuindo unidade por unidade e perceber que esse processo demora muito e que dá para dar mais do que uma unidade em cada etapa da divisão, então podem fazer alguns "atalhos", como no primeiro exemplo abaixo, ou então podem começar a divisão propondo uma quantia maior desde o início, como no segundo exemplo.

```
 62 | 6                             62 | 6
 - 6  1 + 1 + 2 + 3 + 3 = 10       - 24  4 + 4 + 2 = 10
 56                                 38
 -6                                - 24
 50                                 14
- 12                               - 12
 38                                  2
- 18
 20
-18
  2
```

Deixar os alunos livres para escolherem o melhor caminho a seguir, propondo situações em que eles sejam compelidos a procurar novos caminhos, contribuirá para a aquisição de sentido do princípio fundamental da divisão. Após algumas experimentações, eles observarão as vantagens em se distribuir o máximo de centenas ou dezenas, quando houver possibilidade.

Alguns fatos devem ser observados na divisão de dois números naturais, nos primeiros anos do ensino fundamental:

- o quociente deve ser sempre menor ou igual ao dividendo (não se divide 6 por 12, por exemplo);
- quando o dividendo é igual ao produto do quociente pelo divisor, e o resto é zero, a divisão é exata (é o caso de 12 dividido por 3);
- se a divisão não for exata, ou seja, o resto for diferente de zero, esse deve ser sempre menor do que o divisor (assim 7 dividido por 2, dá 3 e tem resto 1 que é menor do que 2).

Esses fatos devem ser percebidos pelos alunos por meio da exploração das situações propostas; não se deve exigir que os alunos conheçam esses fatos como se fossem propriedades a serem decoradas, assim como não se deve exigir nomenclaturas exageradas; ao contrário, repetimos, é preciso privilegiar o desenvolvimento da compreensão e do raciocínio, a exploração e a análise dos problemas. Questionamentos do tipo: "Se eu dividir 6 maçãs entre 3 crianças, cada uma pode receber 3 maçãs? E 2? Sobrarão maçãs? E se eu tivesse 7 maçãs, o que aconteceria?..." são muito relevantes. É importante elaborar questões que permitam que os alunos elaborem seus conhecimentos. Com questionamentos desse tipo, os alunos perceberão, por exemplo, que quando efetuamos uma divisão, enquanto o resto é maior ou igual ao dividendo ainda podemos continuar dividindo. Com relação a usar o processo longo ou curto para efetuar a divisão, pensamos que ambos são necessários: o método curto é útil para fazer mais rápido os cálculos, sendo o americano ou o longo importantes para o raciocínio e a compreensão. Gostaríamos de ressaltar que, como nas demais operações, é importante fazer as duas coisas, compreender o processo e também fazer uso de algoritmos.

Conclusões

Observamos que na abordagem das operações aritméticas nos livros didáticos mais antigos existia uma forte presença de diálogos com o leitor, tanto para explicitação da técnica quanto para justificar sua validade. A partir da década de 1970, com o movimento da Matemática Moderna, juntamente com o tecnicismo, esse tipo de discurso foi se tornando escasso. Nos últimos anos, percebe-se uma tentativa de volta de algum tipo de diálogo com o leitor. Nos livros didáticos contemporâneos, uma parte desse diálogo aparece frequentemente na forma de "linguagem de quadrinhos". Além disso, são também utilizadas linguagens matemáticas variadas como gráficos, esquemas, tabelas, diagramas e símbolos, bem como uma grande diversidade de recursos gráficos como fotos e imagens digitalizadas e coloridas. Apesar dessa variedade de linguagem ser importante, por vezes, ao olharmos alguns livros didáticos atuais temos a impressão de que o aluno ficará perdido, mergulhado em um mar de informações dadas em formas variadas, mas que, ao final, não é possível identificar claramente o conteúdo matemático tratado.

Acreditamos que todos os modelos discutidos nesse capítulo apresentam "qualidades" e "defeitos". A aprendizagem matemática envolve compreensão e também habilidade técnica. Ou seja, não podemos banir a prática da técnica, mas não acreditamos em técnica sem um pouco de compreensão. Por exemplo, muitas vezes já nos deparamos com alunos adultos que têm dificuldades em dividir números decimais (Onde acrescenta zero? E a vírgula, quando coloca?) e, ao investigarmos suas dúvidas percebemos que elas têm origem na compreensão do sistema de numeração decimal.

Todas as crianças são capazes de aprender e os professores estão diante do desafio de promover esse processo. Entretanto, essa responsabilidade não é unicamente do professor: ela deve ser compartilhada com instituições de formação de professores e com pessoas que se dedicam ao estudo de problemas da educação. Este capítulo, assim como este livro, é uma tentativa de aproximação. Esperamos que o elo aqui estabelecido com o leitor seja apenas um começo.

Referências

ANDRADE, M.; MORAES, L. M. *Mundo mágico: matemática* – Primeiro grau. São Paulo: Ática, 1983. v.2.

BITTAR, M.; FREITAS, J. L. M. *Fundamentos e metodologia de matemática para os ciclos iniciais do ensino fundamental.* 2.ed. Campo Grande-MS: Editora da UFMS, 2004.

CANIATO, R. Ato de fé ou conquista do conhecimento? Um episódio na vida de Joãozinho da Maré. *Boletim da Sociedade Astronômica Brasileira*, v.6, n.2, p.31-37, abr./jun. 1983, Disponível no site: http://www.oba.org.br/cursos/astronomia/atodefeouconquista.htm#_ftnref1 Acesso em 23/09/2009.

CASTRO, E.S.P. *Explicador de aritmética.* 7.ed. Rio de Janeiro: Livraria Nicolau Alves, 1885.

CHEVALLARD, Y.; BOSH, M.; GASCÓN, J. *Estudar matemáticas*: o elo perdido entre o ensino e a aprendizagem. Porto Alegre: Artmed, 2001.

CHEVALLARD, Y. ; BOSH, M. Ostensifs et sensibilité aux ostensifs dans l'activité mathématique. *Recherches en Didactique des Mathématiques*, Grenoble : Ed. La Pensée Sauvage, v. 19, p.77-124, 2001.

CHEVALLARD, Y. Analyse des pratiques enseignantes et didactique des mathematiques: L´approche antropologique. *Recherches en Didactique des Mathématiques*, Grenoble, v.19, n.2, p.221-266, 1999.

GASCÓN, J. La necesidad de utilizar modelos en didáctica de las matemáticas. *Educação Matemática Pesquisa*, São Paulo: EDUC, v.5, n. 2, p.11-37, 2003.

GIOVANNI, J.R. *A conquista da matemática: método experimental.* São Paulo: Editora FTD, 1986. v.2.

PEIXOTO, M.L.; OLIVEIRA, M.L. *BOM TEMPO: matemática*: 2ª série. São Paulo: Editora Moderna, 1986.

PIRES, C.C.; NUNES, M. *Novo: matemática no planeta azul.* São Paulo: Editora FTD, 2001. v.2.

RUBINSTEIN et al. *Matemática na vida e na escola*. São Paulo, Editora do Brasil, 2004. v.2.

TRAJANO, A. *Arithmetica progressiva: Curso superior*. 65.ed. Rio de Janeiro: Livraria Francisco Alves, 1929.

VERGNAUD, G. La théorie de champs conceptuels. *Recherches en Didactique de Mathématiques*. Grenoble : Ed. La Pensée Sauvage, v.10, n.2.3, p.133-170, 1990.

Entre o pessoal e o formal: as crianças e suas muitas formas de resolver problemas

2

Katia Stocco Smole

Este capítulo nos conduz a reflexões a partir de produções de alunos: Como interpretar as diversas formas de representação utilizadas pelos alunos? Como propor um trabalho que evolua das representações espontâneas para a linguagem matemática convencional? As diversas representações na sala de aula na resolução de problemas devem conviver ou há um momento para que todos produzam o mesmo tipo de resolução? Como avaliar as produções dos alunos se não há um padrão que todos devem seguir?

Tem se tornado comum a quem ensina matemática na educação infantil e nos anos iniciais do ensino fundamental a compreensão de que é importante que os alunos possam resolver problemas usando suas próprias formas de expressão. No entanto, essa compreensão traz ao educador uma série de outras questões entre as quais destacamos a preocupação sobre como interpretar as diferentes representações surgidas na sala de aula, a dúvida a respeito da melhor forma de explorar as soluções dos alunos, ou como intervir junto aos alunos que não conseguem expressar suas resoluções e, de modo especial, se há a necessidade de exigir em algum momento que o aluno passe a utilizar procedimentos mais formais de representação matemática.

Consideramos que resolver problemas não é apenas um objetivo do ensino e aprendizagem da matemática, mas uma forma de simular um ambiente no qual se vivencia o processo de pensar matematicamente, garantindo a quem aprende a percepção de estar se apropriando ativamente do conhecimento matemático porque participa da elaboração de ideias e procedimentos matemáticos em aula. Nesse sentido, tomando a resolução de problemas não como uma atividade isolada em momentos pontuais, mas como uma perspectiva metodológica (Diniz, 2001), é natural que os alunos tenham muitas e variadas oportunidades de procurar estratégias próprias de resolução de problemas. Analisar essas estratégias, sua importância e discutir as implicações que elas têm no ensino e na aprendizagem da matemática são os focos deste capítulo. Pretendemos, com isso, nos aproximar das questões apresentadas pelos professores fornecendo elementos para ampliar as reflexões sobre elas.

Delimitando um campo para a reflexão

Sabemos que a matemática escolar vai além dos números e das operações. Da mesma forma, temos plena consciência de que há múltiplas formas de se buscar e expressar estratégias para a resolução de problemas, sendo possível fazê-lo com calculadoras, por estimativa ou usando materiais diversos. Pode-se também expressar a resolução oralmente ou por escrito, utilizando-se para isso a linguagem materna.

No entanto, nos deteremos a analisar as formas de soluções para problemas numéricos, que se expressam graficamente usando uma representação gráfica que pode ser um desenho, um procedimento pessoal de cálculo ou mesmo uma técnica operatória convencional.

Optamos por essa delimitação para podermos explorar mais aprofundadamente a questão da representação gráfica, da sua relação com as hipóteses de construção da escrita matemática pelos alunos e por ser este o campo maior de dúvidas dos professores em relação às resoluções que seus alunos produzem.

Os sentidos de representação gráfica

Representar pode ser entendido como estar no lugar de ou tornar presente algo ausente. Sternberg (2008) considera que a noção de representação tem se tornado cada vez mais importante quando estudamos as questões da construção do conhecimento. O autor afirma que em essência, as representações de fato ocorrem no interior da mente do sujeito que aprende. Dessa forma, a representação de fato se refere à forma como o conhecimento é construído na mente. No entanto, o autor afirma que há um uso mais comum para esse termo que diz respeito à expressão externa do que um sujeito pensa, tanto por palavras quanto por desenhos ou sinais, estes dois últimos considerados também notações. Para Sternberg (2008), não há problema em que se use o termo representação como forma de expressão de pensamento, desde que fique claro que se trata de representações externas. Este é o sentido que adotaremos neste capítulo.

De acordo com Sternberg (2008), as representações externas em forma de imagens, palavras ou sinais têm um equivalente na mente do sujeito que as utiliza e, por isso, são valorizadas nas pesquisas da ciência cognitiva, pois propiciam uma forma de acessar, ainda que de modo aproximativo, as representações mentais de um indivíduo. Por outro lado, estudos como os de Brizuela (2006) indicam que os sistemas de representação externa podem ajudar a ampliar o pensamento a respeito de uma ideia matemática.

Didaticamente falando, como sabemos que a construção de conceitos e procedimentos em matemática está relacionada à atividade mental de quem aprende, consideramos que compreender as formas de representação que os alunos usam nas aulas de matemática, em particular as representações gráficas externas, nos permite perceber que significados eles atribuem aos conceitos que aprendem e como realizam as atividades matemáticas nas quais são envolvidos. No entanto, os estudos que fizemos indicam que tal percepção só ocorre em situações de representação gráfica espontânea.

Consideramos uma representação gráfica espontânea na resolução de problemas, aquela em que o resolvedor é encorajado a registrar o processo ou estratégia que utilizou para buscar a solução, considerando as concepções das quais dispõe no momento da resolução, independente de modelos e sugestões transmitidas pelo professor. Nesse caso, não há discussão anterior sobre as formas que podem ser utilizadas para resolver o problema, nem sugestões de como registrá-las, deixando ao resolvedor que postule um modo próprio para fazer a representação gráfica.

Representações gráficas espontâneas são determinantes se queremos entender como o resolvedor pensou, que hipóteses ele tem sobre as noções e os conceitos matemáticos envolvidos em um problema, que recursos de expressão utiliza e, também, para percebermos como as intervenções que serão feitas nas aulas se traduzem ou não na modificação das representações realizadas pelo resolvedor em direção a uma apropriação de formas cada vez mais complexas de escrita matemática, que também é uma meta do ensino e da aprendizagem dessa disciplina na escola.

Temos visto que as maneiras pelas quais organizamos a informação de uma situação problematizadora, bem como as formas que utilizamos para representar as possíveis soluções que vemos para elas, têm um impacto no modo como compreendemos e, eventualmente, reorganizamos um problema.

Nos estudos que fizemos, pudemos identificar dois tipos principais de representação gráfica espontânea entre os pequenos resolvedores de problema: o desenho e os procedimentos pessoais de cálculo.

O desenho e suas funções na resolução de problemas

Em se tratando de representações gráficas espontâneas na resolução de problemas, a mais comum para o resolvedor é sem dúvida o desenho. De modo geral, isso ocorre porque desenhar é uma ação inerente às formas de representação das crianças muito antes delas serem apresentadas às linguagens convencionais da escola, entre elas a da matemática. De acordo com Smole (1996), o desenho tanto serve para o resolvedor expressar a solução que pensou como para traduzir e organizar os aspectos do texto que dão as informações essenciais sobre o problema.

Estudos como os de Huges (1986), Gómez-Granell (1996), Smole (1996) e Lerner de Zunino (1995), a respeito da evolução das representações gráficas espontâneas em matemática, indicam que, embora não haja uma passagem direta do desenho como forma de expressão para a linguagem matemática, esses dois sistemas podem se apoiar, especialmente no início da escolaridade. Observando o trabalho de Huges (1986), é possível perceber que, em um primeiro momento, a evolução das representações por desenho em matemática se relacionam com a evolução do grafismo na criança, em uma aproximação com as representações que ela faz para arte.

Inicialmente, tomando como base os estudos de Huges (1986) ao analisar as representações por desenho que uma criança faz para um problema que envolva quantidades numéricas, é possível identificar quatro grandes categorias de forma de representação: idiossincrática, pictográfica, icônica e simbólica.

Nas representações *idiossincráticas*, não é possível perceber nenhum elemento relacionado nem às quantidades nem ao problema em si. Equivaleria a uma etapa da evolução do grafismo infantil no qual a criança experimenta as marcas do lápis sobre o papel, faz garatujas, mas não tem a intenção de representar nada, seu desenho não é figurativo. Na verdade, a uma criança dessa fase, que ocorre até por volta de 3 anos, não deveria ser proposta a resolução de problemas por desenho, uma vez que essa situação exige do resolvedor que se expresse com maior clareza, com representações que ainda não fazem parte de suas necessidades e possibilidades.

Em uma segunda etapa, o desenho da criança evolui: ela passa a desejar desenhar aquilo que vê, bem como tem a intenção de que outras pessoas saibam o que desenhou. Nessa fase surgem as pessoas, as tentativas de representar objetos, animais, o sol e outros elementos. Ela começa a ter intenção figurativa em suas representações. É nesse momento em que, ao se valer do desenho para resolver problemas em matemática, a criança faz uso de uma representação *pictográfica*, isto é, seu desenho não apenas mostra elementos do texto do problema e a solução, como a expressão gráfica procura ser fiel àquilo que o texto se refere. Se o problema trata de animais, veremos os animais desenhados na solução. Se o problema se deu em um contexto de boliche, o jogo de boliche, as pessoas e o espaço onde o jogo ocorreu podem ser retratados na resolução.

Um exemplo dessa fase de representação pode ser visto no problema a seguir proposto a alunos de primeiro ano, a partir de um jogo de memória cujo objetivo era virar três cartas para formar 15 pontos. Após jogarem duas ou três vezes o jogo, a professora propôs que os alunos resolvessem a seguinte situação: "No jogo da memória do 15, João já conseguiu 9 cartas e Catarina, 6. Quantos pontos cada um já fez?"

Considerando que cada três cartas formando 15 representavam um ponto, vejam a solução dada por um aluno:

Figura 2.1
Resolução de problema por meio de desenho de aluno.

Podemos notar que a criança representa as personagens do texto jogando, os trios de cartas com seus respectivos valores, o número de pontos de João, de Catarina e ainda expressa a situação final com recursos de história em quadrinhos. A representação indica a compreensão de todos os aspectos exigidos para a resolução, inclusive as regras do jogo que não estão explicitadas no texto do problema.

Vejamos mais uma representação tipicamente pictográfica, feita por um aluno de 5 anos ao resolver o problema: "Mariana vai fazer aniversário. Ela chamou seis crianças para irem a sua casa e vai dar dois pirulitos coloridos e grandes para cada uma. Quantos pirulitos a mãe de Mariana precisará comprar?".

Figura 2.2
Resolução de problema por meio de desenho.

A representação feita mostra as crianças vestidas para a festa, incluindo Mariana de vestido e fita, os pirulitos distribuídos a cada uma delas (embaixo dos pés) e os números 12 e 2. Na explicação de quem resolveu, a mãe precisaria comprar 12 pirulitos para os convidados e mais dois para a Mariana denotando tanto a compreensão dos dados explícitos quantos dos implícitos à situação (Mariana também precisava ganhar pirulitos). Mas o 14 não foi colocado como resposta final porque o resolvedor não julgou na resolução espontânea que isso fosse necessário, supondo isso ser compreensível para quem fosse ler sua resolução.

Aos poucos, se puder analisar os procedimentos que utilizou, se for estimulado a pensar sobre seus próprios processos e, conforme os problemas a serem resolvidos se tornam mais complexos, o resolvedor percebe que não precisa ser fiel a todos os elementos presentes na situação representada, compreendendo que pode fazer representações mais esquemáticas e mesmo que pode usar ícones para se expressar graficamente. A representação *icônica* mantém ainda uma relação estreita com a situação dada e os dados nela expressos, porém o resolvedor usa em sua resolução marcas que não são mais representações fiéis dos objetos ou da situação. Observemos duas soluções de um mesmo problema feitas por alunos de uma turma de primeiro ano em hipóteses diferentes de resolução.

Figura 2.3

Solução pictográfica contendo os potes de mel e a abelha indicando que o resolvedor organizou a solução por um esquema que levou em conta os dias da semana, a quantidade de mel produzida em cada dia e a pergunta do problema.

A proposta era "Uma abelha especial produz mel de terça a sexta-feira. Sabendo que a cada dia ela produz 12g de mel, quantos gramas de mel essa abelha terá produzido ao final de uma semana?"

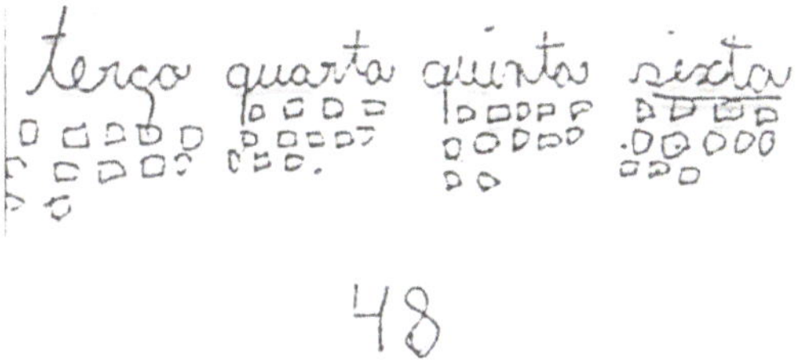

terça quarta quinta sexta

48

Figura 2.4

Solução icônica, na qual quadradinhos representam os dados do problema e já não há mais a necessidade de mostrar outros elementos da situação proposta. A compreensão e a expressão da solução é bastante similar à do colega da mesma classe, mas a representação é mais esquemática.

Finalmente, virá a representação *simbólica*, na qual fica evidente o uso de sinais e termos matemáticos. A representação simbólica não ocorre de forma espontânea, mas sim porque o resolvedor reflete sobre os procedimentos que usa por meio das atividades e informações previstas nas aulas de matemática, pela discussão em grupo sobre as semelhanças e diferenças entre as diversas formas de resolver um mesmo problema e até pela interação com pessoas fora das aulas. Essas ações ampliam os conhecimentos matemáticos, bem como suas formas de representação.

Na representação simbólica, o resolvedor passa a incluir elementos da linguagem matemática e ocorrem três possibilidades que analisaremos a seguir. Para essa análise, tomaremos como base as representações de dois alunos de uma mesma classe ao resolver o problema "Pedro tem uma coleção de 18 bonecos, sendo alguns soldados, alguns robôs e outros personagens de Star Wars. Ele quer guardá-los em três caixas de modo que cada caixa fique com a mesma quantidade de bonecos. Como pode fazer isso?".

- Possibilidade 1: maior conhecedor dos números, o resolvedor é capaz de fazer a resolução toda mentalmente e entende que basta colocar o número que define a resposta à qual chegou.
- Possibilidade 2: o resolvedor começa a misturar desenhos e sinais matemáticos, como se fizesse uma relação entre duas linguagens, ou para comprovar se sua resolução está correta:

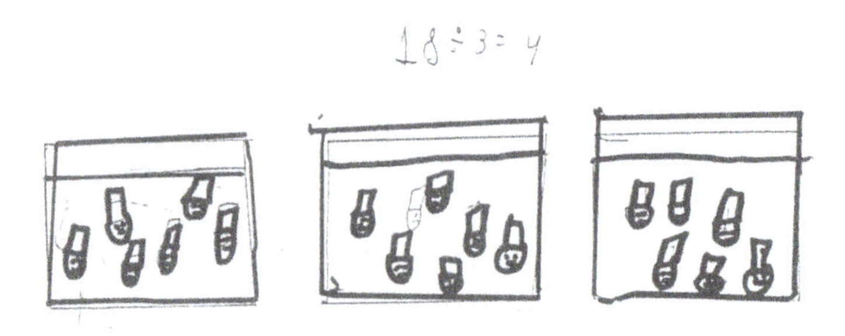

Figura 2.5
Tentativa de relacionar os desenhos à representação numérica.

- Possibilidade 3: o resolvedor passa a usar apenas a representação simbólica da matemática, ainda que criando formas pessoais de usar os sinais matemáticos para resolver o problema.

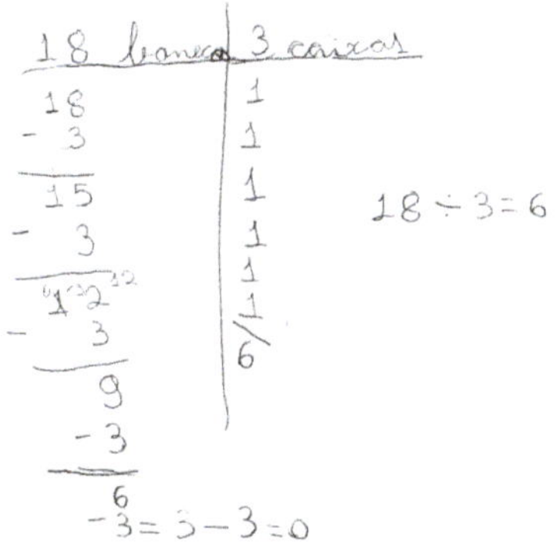

Figura 2.6
Tentativa de representação simbólica.

A solução da Figura 2.6 mostra que o resolvedor compreendeu o problema e usou os conhecimentos que tinha sobre adição e subtração para fazer a divisão, mesmo antes de ser apresentado a qualquer forma de algoritmo. Observe que a representação numérica dá indícios de que o resolvedor distribuiu os bonecos um a um nas caixas, até que não restassem mais bonecos a serem distribuídos. Esse resolvedor está no âmbito dos procedimentos pessoais de cálculo.

Os procedimentos pessoais de cálculo

Tomando como referência a noção de representação gráfica espontânea, chamamos de procedimentos pessoais de cálculo as estratégias usadas pelos alunos para representar a resolução de problemas, que já incluem sinais da aritmética, ou o uso combinado de sinais e palavras com sentido matemático – como, por exemplo, 3 mais 7 dá 10 –, mas que não são relativas às técnicas convencionais dos algoritmos utilizados tradicionalmente pela escola. Podemos ver a elaboração de procedimentos pessoais de cálculo no exemplo a seguir (Figura 2.7).

Observemos que na forma de Ricardo para calcular os pontos de Aninha aparece tanto a ideia da multiplicação quanto estratégias de decomposição para calcular uma adição com "vai um". Já Rodolfo que precisava fazer 6 × 70 + 3 × 80 para calcular os pontos de Artur, opta por uma escrita que revela tanto a compreensão de que 6 × 7 = 3 × 7 + 3 × 7, quanto a utilização da estratégia de reduzir um problema a outro mais simples: calculando 6 × 7, ele chega a 6 × 70. Observações similares poderiam ser feitas a respeito dos procedimentos utilizados por Paulo, Daniel, Otávio e Márcio no cálculo dos pontos de Fábio.

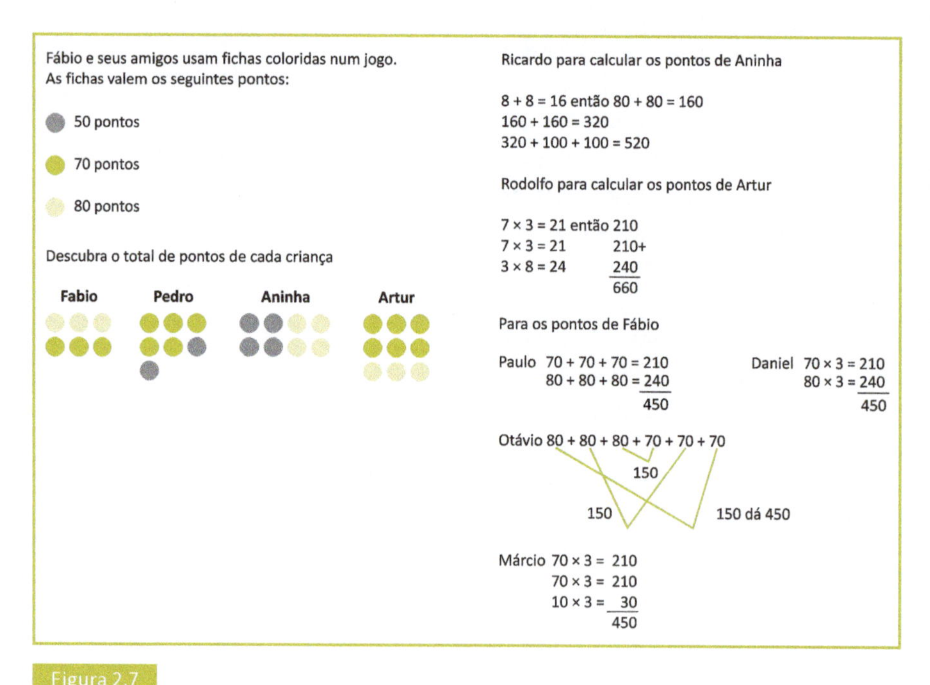

Figura 2.7
Estratégias de resolução.

Da mesma forma que o desenho, estudos como os de Lerner de Zunino (1995) apontam que os procedimentos pessoais de cálculo na resolução de problemas têm diferentes formas de aparecer, variando desde a utilização de sinais aritméticos combinados com a escrita de palavras até formas mais elaboradas de expressão, como vimos no problema do cálculo de pontos mostrado anteriormente. A autora ainda afirma que mesmo quando os alunos resolvem operações por processos convencionais, se puderem optar, muitas vezes eles preferem usar procedimentos pessoais ao resolver um problema.

Para finalizar essa breve análise sobre os tipos de representação gráfica espontânea que podem ser usados para resolver problemas numéricos, desejamos destacar suas vantagens. Os procedimentos pessoais, de acordo com Kamii, Lewis e Linvigstone (1993), Lerner e Sadovsky (1996) e Campbell, Rowan e Suarez (1998) apresentam inúmeras vantagens para a aprendizagem matemática dos alunos, entre as quais se destacam a compreensão do sistema de numeração decimal e das quatro operações fundamentais, o desenvolvimento de cálculo mental e estimativa da ordem de grandeza dos números.

Em suas pesquisas, Lerner e Kamii perceberam que há uma relação recíproca entre os procedimentos pessoais de cálculo e o conhecimento que os alunos desenvolvem acerca das operações e do sistema: por um lado, os procedimentos pessoais colocam em ação o que o resolvedor sabe sobre números, sistema de numeração e até as propriedades das operações. Por outro lado, a explicitação dos procedimentos e a justificativa de porque o escolheu e como o utilizou favorecem no resolvedor a ampliação da compreensão sobre o sistema decimal, as ideias das operações e a elaboração de estratégias mais econômicas de representação.

Para além dos aspectos aritméticos, temos visto que a utilização das representações gráficas espontâneas pelos alunos favorece o desenvolvimento de atitudes positivas frente à aprendizagem da matemática e mesmo a desestabilização de algumas crenças sobre a atividade de resolução de problemas em si.

Em um estudo (Diniz, 2001), é apresentado um conjunto de crenças relativas à resolução de problemas que podem ser identificadas muito precocemente nos alunos do ensino fundamental. Entre elas há algumas que são estreitamente relacionadas aos processos de resolução em si: há sempre uma maneira certa e única de resolver um problema; se a operação que resolve o problema não pode ser encontrada rapidamente, então devemos abandoná-lo e esperar que alguém o resolva ou mostre como fazê-lo.

Pois bem, nos estudos que desenvolvemos e na prática que temos junto a professores e alunos da educação infantil e dos anos iniciais do ensino fundamental, identificamos que se percebem que há muitos caminhos para resolver um mesmo problema e que há espaço para criar estratégias próprias, os alunos entendem que são capazes de "fazer matemática". Nesse processo de contemplar e analisar diferentes estratégias e suas representações, de favorecer o debate sobre as justificativas apresentadas, de gerar aprendizagens por meio das representações analisadas, os alunos ampliam seu repertório de processos para resolver problemas, percebem as vantagens e desvantagens das representações e soluções discutidas, desenvolvem uma crescente autonomia na busca por solucionar as variadas situações-problema com as quais se deparam. Juntos, esses aspectos evitam que as crenças mencionadas anteriormente se desenvolvam e, caso elas já existam, servem para desestabilizá-las.

Aspectos didáticos

Do ponto de vista didático, para que uma representação gráfica espontânea aconteça e gere as aprendizagens esperadas, seja de que tipo for, há alguns aspectos a serem cuidados. O primeiro deles é a necessidade de que o problema não possua solução evidente e exija do resolvedor que combine seus conhecimentos e decida a maneira de usá-los na busca da solução.

Nesse sentido, não se espera que o aluno aprenda primeiro uma operação para depois resolver problemas que a envolvam, pelo contrário, propomos problemas para que os alunos pensem sobre as operações, seus significados e suas formas de representação. Na verdade, a noção matemática que se deseja que o aluno aprenda deve estar envolvida no problema sem que seja plenamente conhecida de antemão por ele.

O segundo aspecto tem relação direta com o primeiro e diz respeito à identificação da situação problema pelo resolvedor. Se é verdade que ela não pode ter solução evidente, também é importante que a situação apresentada permita sua compreensão por quem a enfrentará, de modo que seja possível organizar as informações para a busca de uma estratégia para sua solução, bem como para favorecer que o resolvedor monitore seus processos e avalie a adequação da resolução, realizando o que Sternberg (2008) intitula de *ciclo da resolução de problemas*.

O terceiro aspecto está relacionado ao ambiente da sala de aula, que deve ser acolhedor, de validação para os diversos processos de resolução. Van de Walle (2009) apresenta algumas ações que contribuem para que esse clima de confiança e acolhimento ocorra, defendendo que é preciso deixar os alunos caminharem por eles mesmos quando trabalham na resolução de um problema, inclusive sabendo que eles cometerão erros. O autor propõe também que enquanto os alunos trabalham, o professor escute ativamente tentando entender o que fazem e como pensam, isso inclui fazer perguntas tais como "que ideias você já teve até agora?".

Finalmente, um quarto aspecto diz respeito ao sentido de comunicação que a representação gráfica envolve: ainda que a representação seja pessoal, o resolvedor precisa perceber que ela comunica sua forma de pensar, e que traz em si a necessidade de justificativa e explicações para as escolhas que fez e os processos que utilizou. Na essência ele dever ter o direito de expor seu processo no meio no qual está inserido, defender seus pressupostos e discutir pontos de vista com seus pares. Esse sentido será construído por meio da discussão das formas de resolução que, em essência, é o momento de promover uma comunidade de aprendizagem nas aulas de matemática, inclusive com a intervenção e mediação do educador.

Esses fatores devem ser considerados conjuntamente no planejamento das situações a serem exploradas e terão implicações importantes no que diz respeito à forma de tratar as muitas soluções que podem aparecer em uma sala de aula centrada na perspectiva metodológica da resolução de problemas. Esse é o ponto que nos faz entrar na fase final deste capítulo e que retoma algumas das questões que apresentamos inicialmente como objetivos dessa reflexão.

Os alunos e suas muitas formas de resolver problemas

Em uma classe de 3º ano, a professora propôs que resolvessem a seguinte situação: "Um avô resolveu presentear seus cinco netos no dia das crianças dando a eles certa quantia em dinheiro. Sabendo que o avô distribuiu R$ 245,00 igualmente entre todos os netos, qual foi a quantia que cada um deles ganhou no dia das crianças?".

Enquanto acompanhava os alunos desenvolvendo as soluções, a professora da turma viu que havia alguns desenhando, outros utilizando procedimentos pessoais de cálculo e também aqueles que se valeram do algoritmo da divisão como podemos ver a seguir:

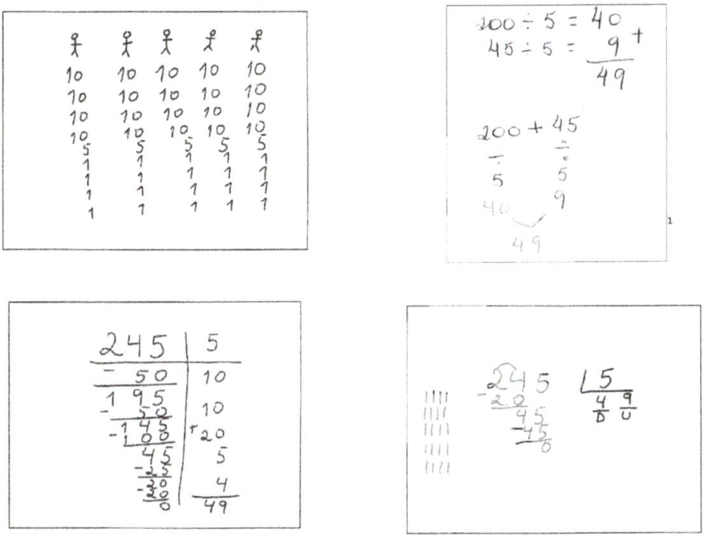

Figura 2.8
Diferentes formas de resolver o problema entre os alunos.

A pergunta que inicialmente ocorre é por que em uma mesma classe aparecem soluções diferentes. Em primeiro lugar porque que é direito do resolvedor decidir a melhor forma de resolver um problema e, ao fazê-lo, optar por aquela representação com a qual tem maior familiaridade, ou com a qual se sente mais seguro ou, ainda, a que lhe parece mais prática.

Em segundo lugar, na representação da solução para um problema não há uma evolução direta do desenho para a escrita matemática, embora essas duas formas de representação se apoiem, como mencionamos anteriormente. Nem mesmo em um contexto no qual todos os alunos usem desenho para registrar soluções, eles estarão necessariamente em uma mesma hipótese de representação. As formas de representação convivem, e o resolvedor faz uso de uma ou outra, de acordo com suas necessidades, possibilidades e interesses.

Na perspectiva com a qual trabalhamos, a aquisição da linguagem matemática é uma conquista complexa e demorada que se faz por aproximações sucessivas mediadas pelas intervenções do professor.

Sob essa ótica, a linguagem escrita da matemática é um dos conteúdos de aprendizagem escolar que se inicia com as representações espontâneas dos alunos, muitas vezes inadequadas e que vai se sofisticando e tornando mais complexa à medida que eles têm oportunidade de usar as formas de representação que consideram válidas, confrontar com aquelas utilizadas por outros membros do grupo e discutir a eficácia comunicativa das diversas representações que usam, conhecer as representações convencionais e confrontá-las com as suas próprias, avaliando vantagens e limitações de cada uma.

Em nosso trabalho, temos nos concentrado na importância da inter-relação e do equilíbrio entre estimular e aceitar as representações gráficas espontâneas e apresentar para discussão e análise as representações convencionais da matemática. Somente em um espaço com essa convivência podem surgir as diferentes representações, como no exemplo do problema da divisão mostrado anteriormente.

Se o educador não inibe nenhuma forma de representação, evita supervalorizar uma em detrimento de outra, tem clareza de que a representação com o algoritmo convencional não impede outros procedimentos porque sabe que em um ambiente que privilegia a comunicação, a forma convencional utilizada por pessoas que dominam a linguagem matemática será considerada um procedimento a ser discutido, como mais uma forma possível de solução ao problema apresentado e não como a única, então ele cria nas suas aulas um clima de respeito, de confiança e de validação das diversas representações, sua discussão e análise.

Mas afinal, como fazemos um aluno passar de uma representação à outra? Responder a isso requer cuidado. No que se refere aos algoritmos convencionais, ao trabalhar com procedimentos utilizados pelas crianças para resolver os problemas, é importante ter em mente que eles poderão ser diferentes daqueles que elas usariam para resolver cálculos na forma de algoritmos. Por exemplo, em uma situação envolvendo a multiplicação, as crianças podem resolver por meio de somas de parcelas iguais ou agrupamentos diversos, misturando adições e multiplicações, mesmo sabendo a técnica operatória.

Apesar de importante, o trabalho mais sistemático com as operações pode ser feito em paralelo com a proposição de problemas, pelo uso de materiais ou jogos, mas não pode tornar-se um obstáculo para o surgimento de diferentes formas de resolução, principalmente se seus alunos estiverem no início da escolarização.

As representações e sua evolução foram e são determinantes para a construção do pensamento matemático, e é tão importante mobilizar várias formas de representação no decorrer de um mesmo processo quanto o é poder escolher um ou outro tipo de registro frente a vários existentes. Nesse sentido, não há um momento ou uma idade em que se possa determinar que todas as representações sejam exclusivamente por algoritmos convencionais. Esperamos que quanto mais os alunos compreenderem as vantagens e a força da linguagem matemática, mais eles confiem nela e compreendam como utilizá-la na resolução de problemas. Mas essa compreensão decorre diretamente de intervenções docentes, como veremos a seguir.

As discussões das diferentes soluções

Dissemos anteriormente que um resolvedor de problemas precisa se responsabilizar pelas soluções que encontra, pelas representações que faz e que isso ocorre se ele tiver o direito de apresentar suas justificativas para as escolhas que fez, argumentar a favor delas e discutir com seus pares as dúvidas, as imprecisões ou as discordâncias surgidas no diálogo. Para isso, o papel da comunicação nas aulas de matemática é essencial. A sala de aula deve ter força cultural, sendo um espaço de partilha e construção de referência por um grupo.

Retomemos o exemplo do problema da divisão no qual apareceram soluções por desenho, por procedimentos pessoais e pelo algoritmo convencional. Na classe na qual as referidas representações apareceram, já havia sido discutida a técnica operatória da divisão. No entanto, houve alunos que desenharam. Essa persistência indica que o processo faz sentido para esse resolvedor e mostra que ele compreende o que é dividir em partes iguais. Não há, portanto, uma questão de incompreensão conceitual.

No entanto, pensando que o acesso à linguagem matemática é uma meta da escola básica, um direito de quem aprende e um meio de alcançar formas cada vez mais elaboradas de compreender essa ciência e outras que se utilizam de conceitos e notações matemáticas, é importante que o resolvedor analise com seus pares a eficiência do procedimento que utilizou em relação a outros, que reflita se sua representação além de válida é generalizável, isto é, se pode ser aplicada em situações de maior complexidade, se a forma de escrita é adequada ou imprecisa e se poderia ter outros recursos de representação.

Para que essa reflexão ocorra, um recurso interessante é o painel de soluções, que pode ser montado tanto com a exposição direta dos registros produzidos quanto pela colocação de algumas das formas de solução no quadro pelos próprios alunos, ou ainda valendo-se dos recursos tecnológicos, projetar soluções diversas para a classe. Montado o painel, as discussões são encaminhadas de modo que os resolvedores expliquem escolhas, analisem semelhanças e diferenças entre soluções apresentadas, pensem se seria possível utilizar uma escrita numérica para representar o desenho, analisem como uma solução se relaciona com outra e de que modo as representações mostram isso.

Mesmo que algumas estratégias representadas não estejam completamente corretas, é importante que elas também sejam discutidas para que os resolvedores percebam onde erraram e como é possível avançar. A própria classe pode apontar caminhos para que os colegas se sintam incentivados a prosseguir.

Algumas vezes, analisar a eficiência, a validade e a possibilidade de generalização de uma representação como forma de resolver problemas pode ser simples. Em outras ocasiões, requer muito estudo e discussão. Determinar se uma solução e sua representação são válidas requer que ela seja compreendida, que haja clareza de que resolve o problema proposto. Verificar sua eficiência requer pensar sobre o trabalho que dá, os riscos de algo sair errado que ela traz, se depende ou não de muita explicação do resolvedor para ser compreendida. Quanto ao fato dela poder ser generalizável, isto é, se é possível aplicar em outros problemas do mesmo tipo, exige que o professor proponha para o grupo problemas do mesmo tipo para que experimentem resolver usando alguma, ou algumas, das estratégias apresentadas pelos alunos.

Nesse processo, os alunos se sentem estimulados a representar graficamente a solução encontrada, uma vez que ela será lida e analisada por um interlocutor real que emite juízos e opiniões sobre sua leitura. Isso faz com que a atividade de representar a resolução para um problema ganhe sentido, o que, muitas vezes, a leitura feita apenas pelo professor, que coloca certo ou errado, está longe de garantir. Outro ganho é a diminuição do número de alunos que marcam apenas a resposta numérica, uma vez que resolver um problema deixa de ter como principal sentido dar a resposta a ele. Finalmente, há uma diminuição significativa na quantidade de alunos que desistem de resolver o problema ou não sabem qual é o jeito certo de começar, porque, afinal, toda forma de resolver o problema vale a pena.

Para tanto, é preciso que sejam encorajados a se engajarem ativamente diante de situações novas. Nesse sentido, acreditamos que ao trabalhar com diferentes explorações e reformulações, buscando desenvolver o interesse pelo problema, explorando sua linguagem, incentivando e desafiando o aluno, estamos contribuindo para que nossas crianças sejam muito mais autônomas e capazes de enfrentar os problemas propostos sem medo ou receios.

Referências

BRIZUELA, B. *Desenvolvimento matemático na criança*. Porto Alegre: Artmed, 2006.

CAMPBELL, P.; ROWAN, T.E.; SUAREZ, A.R. What criteria for student-invented algorithms? In: MORROW, L.J. *The teaching and learning of algorithms in school mathematics*. Reston: NCTM, Yearbook, 1998.

DINIZ, M.I. In: SMOLE, K.S.; DINIZ, M.I. *Ler, escrever e resolver problemas*: hábitos básicos para aprender matemática. Porto Alegre: Artmed, 2001.

HUGES, M. *Los niños y los números*. Madri: Ed. Planeta, 1986.

KAMII, C.; LEWIS, B.A.; LIVINGSTONE, S.J. Aritmética primária: as crianças inventando seus próprios procedimentos. *Arithmetic Teacher*, NCTM, v.41, n.4, p.125-132, dez.1993.

LERNER DE ZUNINO, D. *A matemática na escola*: aqui e agora. 2.ed. Porto Alegre: Artmed, 1995.

LERNER, D.; SADOVSKY, P. *O sistema de numeração*: um problema didático. Porto Alegre: Artmed, 1996.

MORO, M.L.F.; SOARES, M.T.C. (org). *Desenhos, palavras e números*: as marcas da matemática na escola. Curitiba: Editora UFPR, 2005.

SMOLE, K.S. *A matemática na educação infantil*: a teoria das inteligências múltiplas na prática escolar. Porto Alegre: Artmed, 1996.

SMOLE, K.S.; DINIZ, M.I. (org). *Ler, escrever e resolver problemas*: habilidades básicas para aprender matemática. Porto Alegre: Artmed, 2001.

STERNBERG, R.J. *Psicologia cognitiva*. 4.ed. Porto Alegre: Artmed, 2008.

VAN DE WALLE, J.A. *Matemática no ensino fundamental*: formação de professores e aplicação na sala de aula. 6.ed. Porto Alegre: Artmed, 2009.

O desenho como representação do pensamento matemático da criança no início do processo de alfabetização

3

Joana Pereira Sandes

Este capítulo tem como objetivo propiciar aos professores condições de proporcionar situações-problema a crianças ainda não leitoras e que não possuem o conhecimento sistematizado das operações matemáticas – especialmente crianças da educação infantil –, utilizando o desenho.

Em muitas ocasiões, a criança desenha para dizer algo, para exprimir sensações, sentimentos, vontades. O desenho é para ela uma brincadeira e até mesmo a percepção do real. Para a criança, o desenho é pura expressão, é sua linguagem para se comunicar com o outro. O desenho é, na verdade, a sua primeira escrita.

Um exemplo no qual é possível perceber que o desenho é comunicação e expressão de sentimentos é este realizado por Beatriz[1] para me presentear. Nele fica clara sua intenção de comunicar um sentimento.

Em sua produção ela ilustrou: o arco-íris com cores vivas e fortes, o sol reluzente e feliz, corações, borboletas, um besouro que sobrevoava as gramas do jardim e,

---

[1] Os nomes das crianças são fictícios. Todas as citações das crianças, reescritas neste capítulo, permaneceram da maneira como foram faladas.

Figura 3.1
Desenho da Beatriz, 6 anos – Desenho livre para a professora em 2009.

além disso, Beatriz ainda escreveu no alto do desenho: *armo Joana* (amo Joana) com o intuito que de fato o desenho pudesse transmitir cabalmente a sua ideia.

Descobrir alternativas que favoreçam o aprendizado matemático da criança desde a educação infantil é uma das tarefas que em muitos momentos da minha vida profissional procurei desenvolver.

O presente trabalho é baseado nos resultados de minha pesquisa, na qual tive como principal objetivo interpretar e melhor compreender o registro do pensamento matemático da criança por meio do desenho, na resolução de situações-problema, como instrumento da construção de seu pensamento matemático no início do processo de alfabetização.

Embasada nessa pesquisa, apresento aqui sugestões de atividades para os educadores, especialmente dos dois primeiros anos do ensino fundamental, para que desde os primeiros contatos da criança com a matemática, o aprendizado nessa disciplina possa ser privilegiado, bem-construído e proporcionar aos alunos condições futuras de obter maior habilidade nessa área do conhecimento.

Acredito que a aprendizagem da matemática se vincule, em muitas ocasiões, aos estímulos socioafetivo-cognitivos oferecidos à criança, por meio de condições favoráveis para ampliação do seu conhecimento nessa disciplina.

Nas vivências da educação infantil podem haver variadas oportunidades de aprendizagem para a criança. Além desse segmento da educação, menciono também os primeiros anos do ensino fundamental: o início da alfabetização, quando ocorre um maior contato da criança com os conteúdos de língua portuguesa, às vezes, o seu primeiro contato formal com os conteúdos de matemática.

Aproveitar todos os momentos de aprendizagem e propor situações – não apenas voltadas para a linguagem, mas também para a matemática – que gerem na criança possibilidades de raciocínio, de criar hipóteses e desenvolver habilidades simultaneamente em linguagem oral e escrita e matemática, é um trabalho muito valioso e importante no contexto escolar.

Propor situações-problema, tais como imaginar formas de conseguir pegar uma caixa de chocolate no alto de um armário ou descobrir quantos olhos poderiam ser contados juntando todas as crianças da sala de aula, é uma forma de criar condições[2] para que crianças não leitoras obtenham um contato significativo com esse tipo de atividade e também com a matemática; é algo diferente para muitos educadores que atuam junto aos alunos de educação infantil e 1º ano, mas que merece extrema consideração, haja vista a necessidade que eles têm de estímulos e condições favoráveis para aprender e se desenvolver.

De acordo com Smole, Diniz e Cândido (2000), a primeira reação que pode surgir nesse momento é a estranheza, pela sugestão de situações-problema e do registro dos procedimentos de resolução como uma forma de criar oportunidades significativas para o aprendizado infantil. Ora, como propor situações-problema se a criança ainda não sabe ler? Outra questão que também pode ser levantada é: como propor situações-problema se a criança ainda não domina as operações matemáticas?

No entanto, segundo as autoras, há maneiras interessantes de propor essas situações-problema, sem que as mesmas pareçam aqueles problemas que resolvíamos em nossas atividades escolares, sempre apresentados por meio de textos escritos no quadro ou no livro didático e, mais recentemente, em folha fotocopiada, nos quais os professores questionavam se eram de adição, subtração, divisão ou multiplicação e onde o esforço do aluno, na maioria das vezes, era imenso para descobrir isso em um contexto desprovido de compreensão.

A proposta aqui apresentada não é nesse sentido, de oferta de problemas escritos e apresentados formalmente às crianças, e para discuti-la recorro a Smole (2000, p. 95), quando trata dessa questão de situações-problema para crianças não leitoras:

---

[2] Situações baseadas em outras propostas inicialmente por Smole; Diniz; Cândido. *Resolução de problemas*. Coleção Matemática de 0 a 6. Porto Alegre: Artmed, 2001.

Sabemos que não é comum o trabalho com resolução de problemas com crianças que não leem, uma vez que se considera o aluno apto a resolver problemas apenas quando tem algum controle sobre sua leitura, identifica algumas operações e sinais matemáticos.

Em muitas ocasiões, no âmbito escolar, existe a crença de que a criança somente poderá solucionar as questões voltadas para a área da matemática após adquirir uma série de conhecimentos anteriores, por exemplo, só poderá resolver problemas de adição após aprender esse conceito formalmente. Porém, isso não é verdade, uma vez que no decorrer da alfabetização há atividades que podem ser realizadas sem que a criança necessariamente leia as situações-problema propostas, uma vez que o educador ou outro colega pode realizar essa leitura. Da mesma forma, é possível desenvolver situações problematizadoras envolvendo números e operações sem que a criança necessite do conhecimento das operações fundamentais, mas de modo que ela venha a construir esse conhecimento enquanto resolve os problemas. Além disso, o educador deve conceber outras formas que apelem para a multilinguagem – fotos, desenhos, esquemas, material manipulativo, jogos de simulação – para fazer a interação aluno-situação problematizadora.

Durante quatro meses estive inserida em uma turma em processo de alfabetização na qual realizei minha pesquisa, a fim de interpretar e compreender melhor o registro do pensamento matemático da criança por meio do desenho, na resolução de situações-problema, como instrumento da construção de seu pensamento matemático no início do processo de alfabetização.

Minha escolha por uma turma que estivesse em processo de alfabetização não ocorreu por acaso. Isso se deu em decorrência de uma longa vivência como alfabetizadora quando pude observar o encanto e a certa facilidade que a criança entre 5 e 6 anos demonstra pelas novidades e descobertas que o mundo proporciona a ela e, ainda, por ser uma ocasião em que estão iniciando o contato com a leitura, a escrita e também com as atividades matemáticas, e com isso, ainda não estão "engessadas" pelos algoritmos exigidos pela escola e pelo livro didático.

Nesse sentido, a criança que iniciava esse processo de alfabetização poderia participar de minha proposta para investigação sem que estivesse condicionada aos processos demandados pela escola, permitindo que demonstrasse aquilo que sabia sem receio de errar.

A seguir apresento uma das situações-problema propostas durante a pesquisa.

Situação-problema

No lanche de amanhã serão servidos dois pães para cada aluno desta sala. Quantos pães chegarão à sala?

Observação: havia 18 crianças na sala

A resolução:

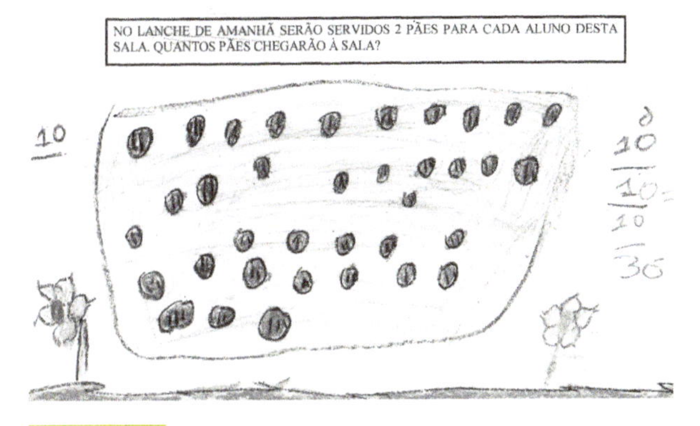

Figura 3.2

Desenho da Mariana, 6 anos – Quantos pães chegarão à sala? (2008).

Com um grande diagrama contendo 36 pães, Mariana mostra o registro de sua resolução da situação-problema; ela ainda registra do lado direito uma "operação" representando a quantidade de pães – 6, 10, 10 e 10, igual a 36 – há também o desenho de alguns elementos da natureza presentes na cena. Provavelmente, o registro numérico acompanhou ou representou algum tipo de contagem que ela fazia enquanto desenhava e resolvia o problema.

Nesse sentido, entendo, como Smole (2000), que o desenho é para a criança, em especial a de início de alfabetização, uma ferramenta importante para que ela possa se expressar e demonstrar seu pensamento. Acredito ainda que o desenho neste contexto pode aparecer como ferramenta na construção do pensamento matemático, quando a criança pensa e desenvolve estratégias para resolução com e a partir dos desenhos por ela elaborados.

No entanto, é preciso lembrar que desenhar não pode se resumir às aulas de matemática, requerendo uma prática diária que poderá fornecer à criança condições de realizar trabalhos mais elaborados. Portanto, é importante que o educador não proponha o desenho apenas nos momentos da resolução de situações-problema, mas também privilegie outras ocasiões para a sua realização como, por exemplo: elaborar desenhos de suas atividades no final de semana, registrar por meio do desenho seu brinquedo ou animal predileto, representar uma brincadeira com os colegas ou realizar um desenho livre, aquilo que a criança gostaria de ilustrar naquele momento, sem a orientação do educador, enfim, a criança deverá se sentir à vontade para desenhar. Desse modo, ao registrar suas resoluções das situações-problema, ela já terá um pouco mais de habilidade e segurança nesses registros.

A seguir, discuto o significado do desenho para a infância e sua importância no contexto da aprendizagem matemática, de modo que seja possível perceber o valor dessa ferramenta no processo do desenvolvimento intelectual da criança.

O papel do desenho no universo infantil e a aprendizagem matemática

O desenho faz parte do universo infantil desde muito cedo, isso permite à criança ampliar e diversificar seus modos de comunicação ao longo do seu desenvolvimento. O desenho é, nesse sentido, um modo de expressão marcante e que seguramente poderá ser utilizado de maneira a auxiliar – de modo amplo – o contexto da aprendizagem infantil.

Moreira (1984, p. 20) destaca que, para a criança em desenvolvimento, "O desenho é sua primeira escrita. Para deixar sua marca, antes de aprender a escrever a criança se serve do desenho".

Na perspectiva de Derdyk (1989, p.50, 51), a criança desenha:

> **[...] Entre outras coisas, para divertir-se. Um jogo que não exige companheiros, onde a criança é dona de suas próprias regras. Nesse jogo solitário, ela vai aprender como estar só, "aprender a só ser". O desenho é o palco de suas encenações, a construção de seu universo particular [...] O desenho é a manifestação de uma necessidade vital da criança: agir sobre o mundo que a cerca; intercambiar, comunicar.**

A ideia de Smole (2000, p. 87) acerca do desenho pode ser assim descrita: "O desenho é representação do real. Ao usar e fazer desenhos, a criança desenvolve uma forma de utilizar substitutos para o real e de extrair propriedades da realidade".

A seguir, um exemplo que ilustra a dimensão do desenho para a infância.

Figura 3.3
Desenho do Rafael, 6 anos – Domando cobra para o avô (2008).

Rafael – uma das crianças da turma de alfabetização – demonstrou, por meio do seu desenho, uma fantasia, algo que imaginou; ele utilizou o papel para representá-la.

No momento em que Rafael estava produzindo esse desenho, perguntei a ele do que se tratava. Ele respondeu que estava desenhando uma cobra sendo "domada" por ele, pois seu avô disse que na fazenda havia muitas e solicitou que ele as "domasse". Rafael foi, então, atender o pedido do avô. Rafael ao desenhar revelou um desejo, e nessa ilustração ele se apropriou de fato do objeto, que é a vontade de "domar" uma cobra, e revelou por meio do desenho esse anseio. Mais do que isso, o desenho permitiu que ele pudesse realizar a "façanha" de domar a cobra e satisfazer a vontade de seu avô.

Recorro mais uma vez a Derdyk (1989, p. 56), quando a autora retrata de modo poético a paixão que a criança tem pelo desenho:

> **Quando o lápis escorrega pelo papel, as linhas surgem. Quando a mão para, as linhas não acontecem. Aparecem, desaparecem. A permanência da linha no papel se investe de magia e esta estimula sensorialmente a vontade de prolongar este prazer, o que significa uma intensa atividade interna, incalculável por nós adultos. É um prazer autogerado, diferente do prazer sentido pela obtenção de alimento, de calor, de carinho. A autoria da magia depende exclusivamente da criança.**

Além de diversas propostas com desenho em situações-problema ou não, realizei também entrevistas com as crianças, nas quais pude identificar como elas vivenciavam o processo do desenho em sala de aula. A seguir destaco trechos de algumas dessas entrevistas:

> **Pesquisadora – Tiago, você desenha?**
> **Tiago – Desenho.**
> **Pesquisadora – Quais são os desenhos que você gosta de fazer?**
> **Tiago – Sol, nuvem, árvore...**
> **Pesquisadora – Quando você está fazendo esses desenhos, o que você sente?**
> **Tiago – Eu sinto que eu gosto muito de desenhar essas coisas. É tão bom quando eu 'tô' desenhando que dá vontade de desenhar um 'monte'!**
> **Pesquisadora – Mariana, você desenha?**
> **Mariana – Desenho.**
> **Pesquisadora – Mariana, você gosta de desenhar?**
> **Mariana – Gosto.**
> **Pesquisadora – O que você gosta de desenhar?**
> **Mariana – Ah! Todas as coisas!**
> **Pesquisadora – Tem alguma coisa que você gosta mais?**
> **Mariana – Hummm... Tem. Felicidade!**
> **Pesquisadora – Como é que se desenha felicidade?**
> **Mariana – Quando uma pessoa gosta muito da outra.**
> **Pesquisadora – Assim é felicidade?**
> **Mariana – É.**
> **Pesquisadora – O que você sente quando está desenhando?**
> **Mariana – Não sei.**
> **Pesquisadora – Agora que você está fazendo este desenho para mim, o que você sente?**
> **Mariana – Emoção...**
> **Pesquisadora – Que tipo de emoção?**
> **Mariana – Amor.**
> **Pesquisadora – Ricardo, você desenha?**
> **Ricardo – Desenho.**
> **Pesquisadora – Você gosta de desenhar?**
> **Ricardo – Gosto.**
> **Pesquisadora – O que você gosta de desenhar?**

> **Ricardo – Um bocado de desenho.**
> **Pesquisadora – Qual é o que você mais gosta de desenhar?**
> **Ricardo – A baleia, o tubarão e o pica-pau.**
> **Pesquisadora – O que você sente quando está fazendo esses desenhos?**
> **Ricardo – É bom... O que eu sinto? Pode falar mesmo?**
> **Pesquisadora – Pode.**
> **Ricardo – Emoção...**
> **Pesquisadora – Que tipo de emoção?**
> **Ricardo – Assim... Dá vontade de fazer mais um 'montão' de 'coisa'!**

Os relatos das crianças nas entrevistas mostram como prazer e desenho estão profundamente imbricados, assim como a alegria e a emoção, e isso era nítido não somente nas falas, mas também na satisfação que demonstravam ao desenhar.

Desse modo, é possível perceber o desenho como uma atividade que envolve emoções e permite se expor e se comunicar com o mundo de maneira a ser compreendido em diversas ocasiões por seus registros carregados, em muitos momentos, de alegria, paixão e prazer.

É possível aproveitar esse envolvimento expressivo com o desenho no início da escolarização, especialmente no 1º ano do ensino fundamental, como auxiliar nas representações das atividades diárias e, especificamente aqui, nas atividades matemáticas.

Smole, Diniz e Cândido (2000, p. 28), a respeito desse tema, discorrem:

> **No trabalho com resolução de problemas, o desenho é importante não só para o aluno expressar a solução que encontrou para a situação proposta, mas também funciona como um meio para que a criança reconheça e interprete os dados do texto. Para um aluno que ainda não é leitor, o desenho pode servir para sustentar os significados do texto. Nesse sentido, o desenho na resolução de problemas representaria tanto o processo de resolução quanto a reescrita das condições propostas no enunciado.**

Prosseguindo com a exposição de alguns detalhes importantes da pesquisa, apresento como foi realizado esse trabalho, no qual pude obter resultados que favoreceram o meu entendimento acerca da representação do pensamento matemático da criança por meio do desenho, e desse modo, permitir que os educadores possam, quiçá, utilizar esses resultados a fim de auxiliar sua prática pedagógica.

A criança, o desenho e as situações-problema

Apresento a seguir duas situações-problema solucionadas por alunas da turma do 1º ano. Essas atividades demonstram como ocorreu a compreensão de cada criança com relação às questões matemáticas que foram propostas durante o estudo, como elas compreenderam e, principalmente, como representaram o seu pensamento matemático referente às situações-problema.

A respeito dessas representações elaboradas pela criança, Cavalcanti (2001, p. 128) afirma:

> **O desenho fornece ao professor pistas sobre a criança, como ela pensou e agiu para solucionar determinado problema, e à criança fornece um meio de manifestar como age sobre o problema, como expressa suas ideias e comunica-se.**

Referindo-se também a esse tema, Smole (2000, p. 104) assevera:

> **Dessa forma, acreditamos que a expressão pictórica pode servir como um meio de o professor ler o raciocínio das crianças e buscar estratégias de interferência para auxiliar cada uma delas a avançar em seus próprios conhecimentos.**

Essas resoluções, portanto, são fundamentais para que o educador interfira no processo de aprendizagem da matemática e também perceba como a criança evolui na assimilação dessas questões e o que é necessário ser trabalhado, de modo a aproveitar esse momento de ampliação do conteúdo.

Situação-problema

A professora Jussara colocou em cima de sua mesa 14 palitos de picolé para fazer uma atividade, mas a professora Fátima precisou levar 4 palitos emprestados. E agora, quantos palitos sobraram para a professora Jussara?

Data: 31/07/2008

As resoluções:

A resolução da Patrícia foi apresentada assim: a professora Jussara, à esquerda, com os 10 palitos que lhe restaram, e a professora Fátima, à direita, com os quatro palitos que retirou daqueles 14 citados na situação-problema. Patrícia realizou a operação de subtração, sem a necessidade de desenhar inicialmente os 14 palitos, desenvolvendo, dessa forma, um cálculo mental para a questão proposta.

Figura 3.4
Desenho da Patrícia, 6 anos – Quantos palitos sobraram para a professora Jussara? (2008).

Na representação da Patrícia também aparecem alguns elementos da natureza, tais como: sol, nuvens e borboletas para comporem uma cena completa.

Carla, por sua vez, representou de modo diferente de Patrícia a resolução para essa situação-problema: ela ilustrou os 14 palitos com cores distintas; aqueles que estão destacados com a cor rosa foram os que sobraram para a professora Jussara – que se encontra posicionada logo abaixo desses palitos –, bem como a professora Fátima, que está abaixo dos quatro palitos na cor verde, que foram os que ela retirou.

Figura 3.5
Desenho da Carla, 6 anos – Quantos palitos sobraram para a professora Jussara? (2008).

É possível observar que há um traço

na cor preta, que é o divisor entre os dois grupos de palitos (assim como dois momentos temporais), reforçando a demonstração que há uma parte que sobrou e outra que foi retirada de um total de 14, quantidade que aparece registrada do lado da atividade. Carla ilustrou, ainda, alguns colegas e também elementos da natureza: uma árvore, o céu e uma nuvem para enriquecer a cena.

Essas resoluções mostram as diferentes maneiras utilizadas para representar modos de solucionar uma mesma situação-problema, o entendimento acerca das questões propostas e os progressos que podem ocorrer durante o desenvolvimento dessas atividades, tanto com relação ao desenho quanto com as aprendizagens matemáticas. Essas observações revelam o quanto os pequenos, ao desenhar, traçam contando e/ou contam traçando. Isso nos permite afirmar que o desenho não é apenas registro de uma solução, mas é parte integrante do processo resolutivo. Da mesma forma, confirmam nossa crença de que resolvendo problemas constroem os significados das operações, muito antes de tê-las aprendido formalmente. Na verdade, a aprendizagem formal será favorecida por essas provocações por meio de problemas.

Prossegui apresentando mais algumas questões observadas ao longo da pesquisa, uma delas é relativa ao progresso que percebi em diversas crianças, tanto com relação à autonomia para realização das tarefas propostas quanto com relação às resoluções das situações-problema; nessas circunstâncias, elas demonstravam soluções um pouco mais elaboradas, ficando perceptível que a frequência e as situações-problema apresentadas tiveram uma contribuição importante para o desenvolvimento da sua capacidade tanto intelectual quanto com relação ao desenho.

A seguir, dois exemplos bastante expressivos com relação a esse crescimento.

Situação-problema

Hoje, na sala, há 12 crianças, se cada criança tirasse o calçado, quantos calçados ficariam no chão?

Data: 26/06/2008

A resolução:

Na parte superior, Vítor registrou os calçados, contei juntamente com ele a quantidade e foi bem acima dos 24; ao indagar quantos calçados estariam ali se as 12 crianças estivessem descalças, ele respondeu que seriam 24, como havia mais que essa quantidade, perguntei a ele o motivo. Vítor respondeu que quis desenhar outros pares.

Figura 3.6
Desenho do Vítor, 6 anos – 12 colegas descalços, quantos calçados poderão ser contados? (2008).

O desenho da figura humana do Vítor, nesse momento, encontrava-se em processo de estruturação, ao registrar a quantidade de calçados que ficaram no chão, ele desenhou mais calçados do que de fato havia permanecido e as cores também se encontram em fase de definição. O desenho em cor preta, ao centro, representa o quadro de giz, que na sala de aula é na cor verde.

A situação-problema

A professora Jussara trouxe para a sala 1 aquário com 2 peixinhos. No outro dia, a professora Joana colocou 1 peixinho no aquário. Depois um colega trouxe 3 peixinhos. E agora, quantos peixinhos estão no aquário?

Data: 07/08/2008

Figura 3.7
Desenho do Vítor, 6 anos – Quantos peixinhos estão no aquário? (2008).

A resolução:

Vítor ilustrou uma criança e os seis peixes da situação-problema sendo colocados todos ao mesmo tempo no aquário. Nessa outra atividade, a evolução do desenho do Vítor é evidente, a figura humana está mais estruturada, os peixes foram colocados no aquário na quantidade exata que era descrita na situação-problema, seis, e as cores dos elementos da cena estão mais próximas do real.

Situação-problema

Hoje na sala há 12 crianças, se cada criança tirasse o calçado, quantos calçados ficariam no chão?

Data: 26/06/2008

A resolução:

Eduardo ilustrou parte da sala de aula, o quadro de giz com a escrita de algumas palavras, acima o alfabeto que fica afixado nesse local da sala, do lado direito uma pequena estante, alguns materiais de sala ilustrados à esquerda, como o calendário; ele ilustrou ainda a porta e abaixo do quadro de giz o desenho dos 24 calçados.

Nessa primeira atividade, é possível observar os traços de Eduardo em processo de definição, as cores, os detalhes, entre outros.

Figura 3.8

Desenho do Eduardo, 6 anos – 12 colegas descalços, quantos calçados poderão ser contados? (2008).

Situação-problema

A professora Jussara quer fazer uma brincadeira com bolas na hora do recreio. Ela irá utilizar 10 bolas, mas na escola só há 6 bolas. Quantas bolas ela vai precisar comprar?

Data: 11/08/2008

A resolução:

Figura 3.9
Desenho do Eduardo 6 anos – De quantas bolas a professora Jussara irá precisar? (2008).

Eduardo utilizou, em seu desenho, o quadro de giz da sala de aula para demonstrar sua resolução. Ele dividiu o quadro em duas partes, do lado esquerdo ele anota o numeral 4 – espelhado –, que é a quantidade de bolas que faltam para a atividade ser realizada, do lado direito ele mostra o numeral 10 seguido por 10 traços, ou seja, o total de bolas. Abaixo uma criança contando as seis bolas que já existem na escola, representadas pelo numeral 6 e por essa quantidade de bolas, além disso, há o registro da professora próxima à cena, preocupada com o que ela fará para conseguir as 10 bolas.

Nessa segunda atividade, são claros a mudança, o progresso e o crescimento dessa criança com relação ao desenho. Ela apresenta um trabalho mais elaborado, rico em detalhes, explorando inclusive expressões faciais da professora, que se encontra à direita. Isso ocorreu devido ao processo de desenvolvimento de sua representação por meio do desenho.

As situações-problema, conforme observamos, foram importantes para que as crianças da turma evoluíssem de maneira ampla, tanto refletindo sobre as questões matemáticas propostas quanto na parte gráfica – realizando registros mais elaborados –, além de favorecerem a autonomia nas tarefas diárias. Em um contexto de iniciação escolar e de alfabetização em múltiplas linguagens, esses fatos, sem dúvida, são muito importantes.

O motivo da sugestão para que o educador proponha situações-problema em sua prática de sala de aula foi a observação de que essas situações-problema são tarefas acessíveis, prazerosas e que em muitos momentos garantem a ele conhecer amplamente o desenvolvimento das crianças por meio do acompanhamento e da análise das produções que elas fazem. Tal observação e análise fornecem suporte para interferir de forma individualizada na aprendizagem e no desenvolvimento intelectual do seu aluno e, com isso, permitem que esse início de escolarização seja um momento marcante e significativo na formação infantil e futuramente auxilie outras aprendizagens.

Para reforçar a afirmação anterior, a seguir, apresento as conclusões que a educadora da turma com a qual realizei minha pesquisa apresentou acerca do meu trabalho, como ela observou o desenvolvimento dos alunos, a evolução, as conquistas e seu novo olhar com relação às situações-problema e também com relação ao desenho.

A educadora, o desenho e as situações-problema: um novo olhar

Durante o desenrolar da pesquisa, a educadora participante do estudo observou algumas modificações na maneira como seus alunos realizavam as atividades de matemática em sala de aula e também como eles começaram a demonstrar maior cuidado e atenção com os desenhos que eram elaborados diariamente. Além disso, ela própria em depoimento afirma que passou a notar os registros e desenhos com outra percepção e conceder a eles um valor maior do que antes de participar da pesquisa.

Sua compreensão com relação às alterações ocorridas com as crianças mostra-se clara nos relatos a seguir:

> **Pesquisadora – Qual a sua percepção acerca da atividade que desenvolvi com seus alunos?**
>
> **Educadora – Eu achei muito criativas, aproveitando a vivência dos alunos, as operações sendo contextualizadas por meio de histórias. Isso facilitou a realização das atividades.**
>
> **As tentativas que a Fernanda fazia para solucionar as situações que você propunha me deixavam muito entusiasmada, a vontade de que ela fosse uma das crianças a solucionar os problemas na próxima aula era grande! – [Fernanda é muito querida pela educadora, é uma**

criança que apresenta certa dificuldade para realizar as atividades diárias.]

Pesquisadora – Você observou mudanças nas crianças com relação à maneira de realizar as atividades de matemática propostas por você?

Educadora – Mudou muito para as crianças com mais maturidade, pois ficaram mais independentes. As atividades de matemática têm sido realizadas por essas crianças com mais criatividade e autonomia; por exemplo, eu forneço o material concreto e elas têm criatividade para organizar a resolução. As crianças um pouco mais dependentes – são três – ainda necessitam de certa ajuda, no entanto, essa ajuda é até um certo ponto e depois conseguem caminhar sozinhas.

Pesquisadora – Você acredita que essas conquistas são decorrentes das situações-problema trabalhadas?

Educadora – Acho que sim, as pessoas pensam que a matemática não tem nada a ver com a vida. Com as situações-problema, as crianças conseguiram perceber que a matemática tem a ver com a vida delas, com sua realidade, com a realidade que elas veem.

Pesquisadora – E com relação às atividades de desenho, você percebeu alguma mudança?

Educadora – Ficou mais expressivo, mais cheio de detalhes, esteticamente falando, ficou maravilhoso! Com relação ao espaço, cada coisa ficou em seu lugar: o céu, o chão, as árvores, os animais, os que podem voar e os que não...

A educadora apresentou-me alguns desenhos para que eu observasse, e, de fato, as produções se mostraram mais elaboradas e detalhadas, as crianças pareceram mais atentas com relação à ilustração de cenas completas e o esquema corporal também ganhou mais estruturação. Acredito que tudo isso sugere que elas próprias – as crianças – passaram a valorizar mais a atividade de desenhar.

Compartilho com o leitor algumas dessas produções (Figuras 3.10 e 3.11).

No primeiro desenho, é possível observar que Érica elaborou uma ilustração com muitos pormenores, como a criança usando óculos, segurando um bebê, houve também os elementos da natureza: uma nuvem e o sol, ela registrou ainda o chão como apoio para a menina, além da utilização das cores, que realçou ainda mais o seu trabalho.

No outro desenho, produzido pela Patrícia, há também muitos detalhes, com uma cena completa e elaborada: é possível verificar todo o corpo do tatu

Figura 3.10
Desenho da Érica, 6 anos – Desenho para painel da sala de aula (2008).

Figura 3.11
Desenho da Patrícia, 6 anos – Desenho para painel da sala de aula (2008).

representado, sendo que uma das patas está em posição diferente das demais, pois ele está cavando, assim também como a expressão facial do tatu; o monte de terra no chão e algumas pequenas pedras sendo lançadas para longe da escavação e ainda é possível observar a grama, como apoio para o animal.

É interessante registrar que essas duas crianças, de acordo com a educadora, gostavam de desenhar, mas não possuíam muita habilidade, e ao longo do desenvolvimento da pesquisa "tomaram gosto" pela tarefa e foram se aperfeiçoando dia após dia. A felicidade de ambas ao verem seus desenhos expostos no painel da sala, conforme pude registrar, foi imensa.

A resolução de situações-problema e o desenho: um caminho para a aprendizagem

O objetivo inicial da minha pesquisa era poder interpretar e melhor compreender o registro do pensamento matemático da criança por meio do desenho, na resolução de situações-problema, como instrumento da construção de seu pensamento matemático no início do processo de alfabetização. Esse objetivo foi alcançado com sucesso e corroborado pelas diversas resoluções de situações-problema que as crianças apresentaram ao longo de todo o processo e que o leitor pôde observar neste capítulo.

As situações-problema permitiram, além do que já foi exposto, que as crianças tivessem a oportunidade de se expressar durante as rodas de conversa que antecediam o registro das atividades, exibir suas conclusões, sem considerar se eram corretas ou não.

Há de se lembrar que, no princípio, muitas não se sentiam à vontade para fazer isso, mas gradativamente foram adquirindo segurança e participavam também das discussões apresentando suas respostas. Puderam, ainda, realizar o exercício de ouvir os colegas e discutir com os mesmos determinadas situações-problema que eram apresentadas.

A pesquisa mostrou, também, que as situações-problema sugeridas às crianças que estão no início do processo de alfabetização são um recurso significativo para que o educador encaminhe seu trabalho durante esse processo, pois promoverá desde cedo momentos favoráveis à criança, que terá oportunidade de refletir, interagir com as demais a respeito do tema proposto e construir as bases para seu conhecimento matemático.

O trabalho apontou também que, com o auxílio do desenho, é possível encontrar alternativas que mostrem seu pensamento para chegar a determinada resolução, sem que para isso seja necessária a utilização de operações matemáticas ou das estruturas operatórias que a escola ensina e exige desde cedo.

Outro ponto importante diz respeito ao desenho, caso o educador escolha essa maneira de trabalho em sala de aula: não basta que essa ferramenta seja utilizada somente nos momentos da resolução de situações-problema; o desenho deverá ser uma atividade permanente em seu planejamento diário, com propostas diversificadas em sala de aula, e só então ser utilizado para auxiliar a criança na elaboração de representações do seu pensamento matemático na resolução de situações-problema, pois a criança necessita praticar para realizar bem quaisquer tarefas do seu cotidiano.

Mais uma consideração significativa é no que tange à questão do desenho como um instrumento de socialização. De acordo com determinadas situações observadas nesta pesquisa, ele não deve ganhar um caráter solitário em sala de aula, especialmente nas ocasiões em que ocorrerem propostas de resoluções de situações-problema. O educador poderá conduzir sua prática de maneira que o desenho alcance uma dimensão solidária, de comunicação e inter-relação entre os sujeitos, para que ele dê possibilidades às crianças de trocas e de aprendizagens mútuas.

Enfim, esta pesquisa assinala o valor indiscutível que o desenho ganha no contexto da sala de aula, sua colaboração para que a criança que ainda não lê avance na aprendizagem de conceitos, desenvolva, articule seu pensamento com o outro, aprimore seu modo de resolver situações-problema e descubra que é capaz de solucionar questões que somente após alguns anos de escolaridade poderiam lhes ser apresentadas.

Ademais, a utilização do desenho em determinadas atividades pode ser uma fonte proveitosa para que a criança se aproprie de uma maneira de representação, com a qual poderá expressar seu pensamento matemático de maneira menos formal e mais lúdica. E o que é mais importante, que ela vivencie momentos prazerosos com a matemática desde o início de sua escolarização, de modo que obtenha autoconfiança e conquiste avanços para que futuramente possa mostrar maior facilidade na assimilação de conceitos mais complexos e também importantes nessa área do conhecimento.

Nessa perspectiva, o desenho é muito mais que representações simples que a criança realiza no papel ou em outras superfícies utilizando lápis, caneta, giz, carvão ou outro objeto que deixe sua marca. Na verdade, o desenho representa para o universo infantil a realização de algo que o adulto não é capaz de mensurar e que permite à criança realizar sonhos, imaginar situações, retratar seus desejos e conquistas.

Referências

CAVALCANTI, C.T. Diferentes formas de resolver problemas. In: SMOLE, K.C.S; DINIZ, M. I. (Org.). *Ler escrever e resolver problemas:* habilidades básicas para aprender matemática. Porto Alegre: Artmed, 2001. p. 121-149.

DERDYK, E. *Formas de pensar o desenho*: desenvolvimento do grafismo infantil. São Paulo: Scipione, 1989.

MOREIRA, A.A.A. *O espaço do desenho*: a educação do educador. 9.ed. São Paulo: Loyola 1984/2002.

SMOLE, K.C.S. *A matemática na educação infantil*: a teoria das inteligências múltiplas na prática escolar. Porto Alegre: Artmed, 2000.

SMOLE, K.C.S; DINIZ, M.I.; CÂNDIDO, P. *Resolução de problemas:* matemática de 0 a 6. Porto Alegre: Artmed, 2000.

A fração nos anos iniciais: uma perspectiva para seu ensino

4

Sandra Magina
Maria da Conceição de Oliveira Malaspina

Nosso objetivo com este capítulo é apresentar e discutir uma possibilidade para se introduzir fração nos anos iniciais do ensino fundamental, considerando seus quatro significados: parte-todo, operador multiplicativo, quociente e medida. A fração é uma das possíveis representações para os números racionais. Assim, o número 0,5 também pode ser representado por $\frac{1}{2}$. É sobre esse tipo de representação, a fração, que discutiremos aqui.

Introdução

Podemos refletir sobre as frações a partir de diversas situações em que aparecem com diferentes significados. Há, *a priori*, várias classificações dos tipos de situações e de significados para os números racionais, sem que a importância dessas classificações para o ensino tenha sido esclarecida. Kieren (1975) foi o primeiro pesquisador a chamar a atenção da comunidade científica para o fato de que os números racionais são constituídos de vários construtos e que a compreensão da noção de número racional depende do entendimento de suas diferentes interpretações. Posteriormente, Kieren (1980) identificou cinco ideias como sendo básicas no processo de compreensão dos números racionais, a saber: parte-todo, quociente, medida, razão e operador.

Salientamos que, ao trabalhar esses significados da fração dentro das situações, é importante tanto que o professor esteja atento para que os raciocínios de seus estudantes não fiquem circunscritos à percepção, quanto que os alunos se apropriem da lógica das frações. E duas dessas lógicas são fundamentais, a lógica da **equivalência** e a lógica da **ordenação**.

A lógica da equivalência é aquela necessária para que o estudante identifique e entenda que a fração $\frac{1}{2}$ equivale à fração $\frac{4}{8}$. Tal identificação não é tão simples porque até a apresentação das frações o estudante vinha trabalhando dentro do conjunto dos números naturais e nele essa lógica não tem validade. Dentro do universo dos naturais, o número 1 (numerador da 1ª fração) não equivale ao número 4 (numerador da 2ª fração), tampouco o número 2 (denominador da 1ª fração) equivale ao número 8 (denominador da 2ª fração). Porém, no campo do conjunto dos racionais, tanto $\frac{1}{2}$ quanto $\frac{4}{8}$ e 0,5 são representações de um mesmo número.

A lógica da ordenação requer o entendimento de que a ordenação das frações não é necessariamente a mesma daquela usada no universo dos números naturais. Na ordenação das frações, se tivermos numeradores iguais, quanto menor o numerador, maior a fração. Assim, $\frac{1}{2}$ é maior que $\frac{1}{3}$, que, por sua vez, é maior que $\frac{1}{4}$, enquanto nos números naturais 2 é menor que 3, que é menor que 4. Já na situação em que os denominadores da fração são formados por números de mesmo valor, quanto maior for o numerador, mais será a fração, tal como acontece com os números naturais.

A fração costuma ser introduzida formalmente na escola a partir da 2ª série do ensino fundamental, estendendo-se até, pelo menos, o final da 3ª série. Esse conteúdo, porém, é visto pelos professores como um dos mais difíceis de ser ensinado. E, de fato, muitas pesquisas recentes como as de Merlini e colaboradores (2005), Malaspina (2007), Magina e Campos (2008), Magina, Bezerra e Spinillo (2009), dentre várias outras, têm evidenciado essa dificuldade, vivida tanto pelos professores quanto pelos alunos brasileiros nos processos de ensino e de aprendizagem. Com relação ao seu ensino, o que se tem revelado são uma ênfase exagerada em procedimentos e algoritmos e uma forte tendência para traduzir esse conceito, apenas utilizando a exploração do significado parte-todo.

Os pesquisadores Nunes e Bryant (1997, p. 191) nos chamam a atenção para o fato de que os alunos podem até apresentar algumas habilidades em manipular os números racionais, mas isso não significa necessariamente que tenham uma compreensão clara do conceito:

Com as frações, as aparências enganam. Às vezes, as crianças parecem ter uma compreensão completa das frações e ainda não a têm. Elas usam os termos fracionários certos; falam sobre frações coerentemente, resolvem alguns problemas fracionais; mas diversos aspectos cruciais das frações ainda lhes escapam. De fato, as aparências podem ser tão enganosas que é possível que alguns alunos passem pela escola sem dominar as dificuldades das frações, sem que ninguém perceba.

A fração vista a partir de cinco significados

Nunes (2003), inspirada nos trabalhos de Kieren, afirma que uma aprendizagem do conceito de fração pode ser obtida com maior êxito quando esse conceito é explorado por meio de cinco significados: parte-todo, medida, quociente, operador multiplicativo e número, sendo cada um trabalhado a partir de uma gama diversificada de situações. Explicaremos esses significados um a um, oferecendo exemplos para melhor ilustrá-los.

A fração como Parte-Todo

A ideia presente nesse significado é a da partição de um todo em *n* partes iguais, em que cada parte pode ser representada como $\frac{1}{n}$. Aqui, a utilização de um procedimento de dupla contagem é suficiente para se chegar a uma representação correta. Por exemplo, se um todo foi dividido em cinco partes e duas foram pintadas, os alunos podem aprender a representação como uma dupla contagem: acima do traço escreve-se o número de partes pintadas, abaixo do traço escreve-se o número total de partes, como mostra a ilustração abaixo.

Exemplo: Represente em forma de fração as partes pintadas em amarelo com relação ao total de partes do desenho ao lado.

$= \frac{2}{5}$

Esse significado é muito utilizado no ensino de fração no Brasil, principalmente nos anos iniciais, e resume-se a dividir a área em partes iguais, a nomear fração como o número de partes pintadas sobre o número total de partes e a analisar a equivalência e a ordem da fração por meio da percepção. Tais ações podem levar os alunos a desenvolverem seus raciocínios sobre fração baseados apenas na percepção em detrimento das relações lógico-matemáticas (Nunes e Bryant, 1997; Nunes et al., 2005).

A fração como Quociente

Esse significado está presente em situações em que a ideia de divisão está envolvida – por exemplo, 3 chocolates para serem repartidos igualmente entre 4 crianças. Nas situações de quocientes temos duas variáveis (p. ex., número de chocolates e número de crianças), sendo que uma corresponde ao numerador e a outra ao denominador – no caso, $\frac{3}{4}$. A fração, nesse caso, corresponde à divisão (3 dividido por 4) e também ao resultado da divisão (cada criança recebe $\frac{3}{4}$). Abaixo apresentamos uma situação-problema explorando esse significado

Exemplo: As 3 barras de chocolate abaixo devem ser divididas igualmente para as 4 crianças.

Que fração de chocolate cada criança irá receber?

Essa relação inversa entre o divisor e o quociente poderia ajudar as crianças a entenderem que quanto maior o denominador (no caso de nosso exemplo, as crianças), menor a parte do chocolate que cada uma ganhará. Nessas situações de quociente, o professor poderia também usar a razão para ajudar as crianças a entenderem o invariante de equivalência de frações: dada uma mesma razão entre crianças e bolos, a fração correspondente será equivalente, mesmo que o número de bolos e crianças possa diferir. No nosso caso, se fossem 6 barras de chocolate e 8 crianças, elas ganhariam o mesmo tanto de chocolate que as nossas 4 crianças do exemplo ganharão ao repartirem as 3 barras de chocolate.

A fração como Medida

Algumas medidas envolvem fração por se referirem a quantidades intensivas,* nas quais a quantidade é medida pela relação entre duas variáveis. Por exemplo,

---

* N. de R.: São exemplos de quantidades intensivas (indicativas de intensidade) que não podem ser adicionadas a temperatura e o potencial elétrico.

a probabilidade de um evento ocorrer é medida pelo quociente número de casos favoráveis dividido pelo número de casos possíveis. Portanto, a probabilidade de um evento varia de 0 a 1, e a maioria dos valores com os quais trabalhamos são fracionários.

Exemplo: Fizemos uma rifa na escola. Foram impressos 150 bilhetes. Minha avó comprou 20 bilhetes. Qual a sua chance de ganhar o prêmio?

A fração como Operador Multiplicativo

Quando pensamos na fração como o valor escalar aplicado a uma quantidade. Então, como acontece com os números inteiros, as frações também podem ser vistas como o valor escalar que aplicamos a certa quantidade. No caso de um número inteiro, por exemplo, podemos dizer que compramos 12 balas das 16 que havia na venda do Joaquim; no caso da fração, poderíamos dizer que compramos $\frac{3}{4}$ de um conjunto de 16 balas que havia na venda do Joaquim. A ideia implícita nesses exemplos é que o número é um multiplicador da quantidade indicada. Outro exemplo, muito usado na escola, poderia ser:

Exemplo: Dei para meu irmão 3/4 das 40 bolinhas de gudes que tinha. Quantas bolinhas dei ao meu irmão?

A fração como Número

As frações, assim como os naturais e inteiros, são números que não precisam necessariamente se referir a quantidades específicas. Existem duas formas de representação fracionária: ordinal e decimal. Um exemplo de exercício usado no ensino de matemática em que a fração é trabalhada sem um referente específico é apresentado como o exemplo a seguir:

Exemplo: Na régua abaixo, coloque o número $\frac{1}{2}$ na sua posição correta.

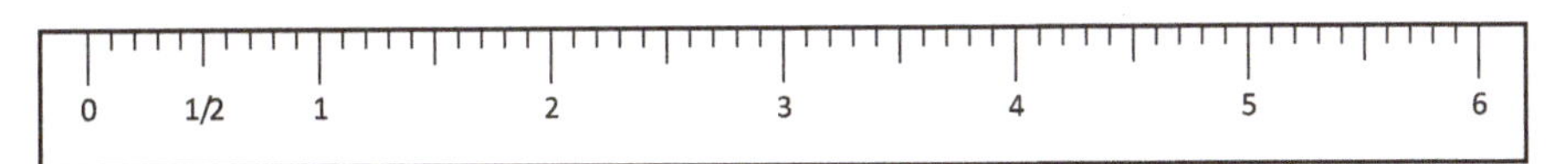

Note que foi pedido para colocar o número $\frac{1}{2}$ na reta numérica. Nesse caso $\frac{1}{2}$ é o mesmo que o número 0,5 e, portanto, deve ficar na metade entre o número zero e o número um. A colocação do $\frac{1}{2}$ seria diferente se o problema tivesse o seguinte enunciado:

Marque o número que representa $\frac{1}{2}$ da régua abaixo.

Nesse caso $\frac{1}{2}$ da régua (metade da régua), que mede seis, seria no número três. A marcação então seria em cima do número 3. Nesse caso o significado da $\frac{1}{2}$ não seria o de número, mas sim o de operador multiplicativo, isto é, $\frac{1}{2}$ de 6.

Poderíamos pensar em um exemplo utilizando outros contextos, como o apresentado a seguir:

Maria e Paulo ganham o mesmo valor de mesada. Maria já gastou $\frac{1}{2}$ da sua mesada e Paulo gastou $\frac{1}{4}$ da dele. Quem gastou mais dinheiro?

O que a pergunta acima quer investigar é se o estudante entende que o número $\frac{1}{2}$ é maior que o número $\frac{1}{4}$. Não foi informado o valor da mesada que Maria e Paulo ganha propositalmente, pois se assim o fizéssemos, o problema deixaria de ser sobre os valores dos números $\frac{1}{2}$ e $\frac{1}{4}$ e passaria a ser um problema com o significado de operador multiplicativo.

Com essas ideias de fração em mente, em 2007 realizamos um estudo sobre fração com estudantes do 3º ano de uma escola da rede pública estadual de São Paulo (Malaspina, 2007). Nesse estudo, optamos por trabalhar a fração do ponto de vista de apenas quatro significados: parte-todo, quociente, medida e operador multiplicativo. Deixamos de lado o significado da fração enquanto número por acharmos que este requer que a criança já possua um entendimento sobre números racionais em sua representação decimal, o que não é o caso para as crianças nesse ano de escolaridade.

Assim, o objetivo desse estudo foi o de identificar qual, ou quais, dos significados de fração, proposto por Nunes e Bryant, era mais facilmente compreendido pelos estudantes. Essa informação nos era importante para que pudéssemos auxiliar os professores no sentido de lhes indicar um bom caminho para introduzir a fração para seus alunos. Por isso decidimos realizar o estudo com alunos tão novos (média de 8 anos), já que os estudantes do 3º ano certamente ainda não haviam estudado tal conteúdo na escola.

A seguir, descreveremos em detalhe todos os passos do estudo.

Um estudo para avaliar um bom caminho para se introduzir fração nos anos iniciais

Realizamos o estudo com uma turma de 3º ano de uma escola pública, que tinha 31 estudantes. Todos os estudantes dessa classe participaram do estudo e nenhum deles tivera contato, do ponto de vista formal da escola, com o objeto fração. No primeiro momento, verificamos como esses alunos tratavam as frações, envolvendo os quatro significados (parte-todo, operador multiplicativo, quociente e medida). Para tanto, aplicamos um teste, que denominamos de "pré-teste". Uma semana depois iniciamos a primeira parte do ensino de fração, chamada "intervenção I".

Ela consistiu em dividirmos os estudantes em quatro pequenos grupos e para cada um deles ensinamos, em um único encontro, um dos quatro significados da fração. Esperamos uma semana e aplicamos um novo teste muito parecido com o primeiro. Chamamos esse segundo teste de "teste intermediário". Passamos então para o segundo encontro de ensino, que chamamos de "intervenção II". Nele, cada um dos grupos trabalhou com um segundo significado da fração. Por fim, após uma semana, aplicamos um terceiro e último teste, denominado "pós-teste". Os testes foram compostos por um livrinho com 28 situações-problema envolvendo os quatro significados da fração. Todos os três testes preservaram a mesma equivalência matemática, tanto no que se refere ao contexto quanto às questões.

Na seção seguinte descreveremos em detalhes como se deram as intervenções.

Aplicação da intervenção de ensino

Como dissemos, tivemos duas intervenções e elas aconteceram com os estudantes divididos em quatro grupos (G1, G2, G3 e G4). Esses grupos tiveram seus dois encontros de intervenção de ensino separadamente, em um ambiente fora da sala de aula. Isso quer dizer que, no final do estudo, cada um desses grupos teve contato apenas com dois dos quatro significados da fração. Cada intervenção de ensino, por sua vez, foi dividida em dois momentos: o momento dedicado para que os estudantes, em pequenos grupos, resolvessem situações-problema previamente elaboradas por nós, e o momento de discutir as soluções encontradas por eles nessas situações-problema.

Cada um desses grupos passou por duas intervenções, totalizando dois encontros com duração de 90 minutos cada um. Assim, ao final do estudo, os estudantes tiveram 3 horas de trabalho com o tema fração. A intervenção trabalhou 12 questões de cada significado, sendo que seis delas envolviam frações com situações de quantidades discretas e as seis restantes com situações envolvendo quantidades contínuas (com exceção do significado quociente, pois não conseguimos encontrar situações que envolvessem quantidade discreta dentro desse significado, a não ser que saíssemos do campo dos racionais).

As quantidades contínuas são aquelas em que as quantidades envolvidas na situação podem ser divididas de modo exaustivo, sem que, necessariamente percam as características da situação. Por exemplo, uma *pizza* pode ser dividida em inúmeras partes sem deixar de ser *pizza*. Da mesma forma, podemos ter uma jarra de um determinado suco, $\frac{1}{2}$ jarra desse suco, $\frac{1}{4}$ de jarra, $\frac{1}{8}$ de jarra, $\frac{1}{10}$ de jarra do suco e assim indefinidamente, sempre se referindo a mesma jarra do tal suco.

Por outro lado, quantidades discretas dizem respeito a um conjunto de objetos idênticos, ou, pelo menos, que se constituem em um grupo/conjunto (p. ex., quero dar metade dos meus 18 brinquedos) representando um único todo, cujo resultado da divisão deve produzir subconjuntos com o mesmo número de unidades. É o que encontramos, por exemplo, em uma situação em que temos de dividir cinco bolinhas de gude para três crianças. Nesse caso, cada criança receberia 1 bolinha e sobrariam 2 bolinhas de gude. Isso porque as duas bolinhas que sobraram não podem ser quebradas para continuar a divisão, já que bolinha quebrada deixa de ser bolinha, isto é, não mais seria uma esfera.

Quanto à distribuição dos estudantes por grupo, esta foi feita aleatoriamente. Foram formados 4 grupos. O G1 tinha 9 estudantes, o G2, 7, o G3, 8 e o G4, 7 estudantes. Os grupos receberam um nome, segundo as ordens das intervenções pelas quais passaram. Assim, o grupo de crianças que inicialmente passou pela intervenção de ensino de fração com o significado parte-todo e depois pela intervenção que explorou o significado medida, denominamos G1 (PT + Me). O G2 (OM + Qu) foi grupo cuja primeira intervenção foi operador multiplicativo e a segunda quociente. O G3 (Me + PT) teve como primeira intervenção o significado medida seguido do significado parte-todo. Por fim, o G4 (Qu + OM) que passou primeiramente pela intervenção quociente e em seguida pela intervenção com o significado operador multiplicativo. É importante dizer que as intervenções foram realizadas baseadas em resolução de problemas. Isso significa que as intervenções começavam sempre com a pesquisadora entregando ao grupo de alunos que participariam da intervenção uma lista de problemas relativa ao significado que seria trabalhado naquele encontro.

Apresentamos a tabela com a divisão dos grupos e os significados que cada um trabalhou em suas intervenções.

Para aplicação da intervenção, foi retirado um grupo por vez da sala de aula e este era levado à biblioteca, onde discutíamos o objeto do estudo. Nesse espaço, os alunos ficavam sentados em uma mesa-redonda. Cada aluno do grupo recebia uma ficha individual contendo 12 questões e espaço para respondê-las. Essa ficha foi lida em voz alta, questão por questão, para que não houvesse dúvida quanto ao que pedia o enunciado. Assim, a primeira questão era lida, os alunos tiravam suas dúvidas sobre a compreensão do texto, também em voz alta, resolviam a questão e só então era lida a seguinte.

No centro da mesa havia material manipulativo (desenho de *pizza*, barras de chocolate, bolas de gude, jarra com suco, baralho, botões, círculo de fração e bolas de encher). Esse material pode ser utilizado como apoio em 6 das questões. Éramos nós quem decidíamos em quais questões era permitido o seu uso. Tivemos esse controle para observar as estratégias dos estudantes com e sem apoio. Para responder às questões 4, 5, 6, 10, 11 e 12 os alunos puderam utilizar o material manipulativo (exceto no significado quociente, pois nesse só tivemos 6 questões).

Os questionamentos feitos durante a aplicação eram no sentido de promover e garantir a reflexão e o entendimento do objeto estudado. Em nenhum momento interferirmos com respostas ou afirmações que levassem à solução.

Cabe ressaltar que, embora cada aluno tivesse recebido sua própria ficha de atividades, a todo o momento sempre procuramos trabalhar com eles em grupo, pois, acreditamos que a "interação entre alunos desempenha um papel fun-

TABELA 4.1
DISTRIBUIÇÃO DOS SIGNIFICADOS POR GRUPO NA INTERVENÇÃO

Significados/ Grupos	**Parte-Todo**	**Quociente**	**Operador Multiplicativo**	**Medida**
G1 (9 crianças)	1ª Intervenção			2ª Intervenção
G2 (7 crianças)		2ª Intervenção	1ª Intervenção	
G3 (8 crianças)	2ª Intervenção			1ª Intervenção
G4 (7 crianças)		1ª Intervenção	2ª Intervenção	

damental no desenvolvimento das capacidades cognitivas, afetivas e de inserção social" (PCN BRASIL, 1998, p. 38). Nas próximas seções, apresentaremos como foram as intervenções. Iniciaremos por aquela que tratou do significado parte-todo, trabalhada com os grupos G1 e G3.

Intervenção voltada para o significado Parte-Todo

Iniciamos a apresentação dessa intervenção mostrando um quadro com as questões referentes aplicada a cada um dos grupos no primeiro encontro e, em seguida, as atividades desenvolvidas no segundo encontro (Quadro 4.1).

Esta intervenção versou sobre o significado parte-todo e teve por objetivo apresentar aos alunos situações envolvendo frações com este significado. As questões 1, 2, 3, 4, 5 e 6 envolveram frações com quantidades contínuas. Já as questões 7, 8, 9, 10, 11 e 12 envolveram as quantidades discretas.

Os erros mais comuns cometidos pelas crianças desse grupo foram:

a) a escrita errada do número (p. ex., escrever o número 4 do lado contrário);
b) a divisão não equitativa das partes (o aluno divide de qualquer modo, não se preocupa com a divisão correta das partes);
c) a escrita da fração como se fosse dois números naturais.

O exemplo abaixo mostra a presença dos erros *a* e *b* em uma única resposta apresentada por um dos alunos nessa intervenção e nossa participação na discussão do erro.

12. Imagine que Carla fez outra figura e dividiu em 8 partes iguais. Depois pintou algumas partes dessa figura. Você sabe escrever quantas partes do desenho ela pintou em relação ao desenho todo?

Resposta do aluno: Acho que reparti muito.

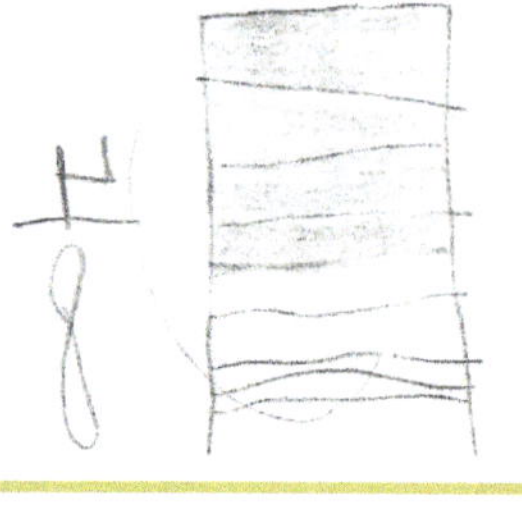

Conversa da professora com os alunos: O que vocês acham deste desenho? Vamos verificar em quantas partes iguais podemos dividir?

QUADRO 4.1
ATIVIDADES DESENVOLVIDAS NA INTERVENÇÃO I DO G1 – SIGNIFICADO: PARTE-TODO

1. Salete tinha uma barra de chocolate. Ela cortou em 2 pedaços de mesmo tamanho e comeu 1 pedaço. Você pode escrever, usando números, a fração do chocolate que Salete comeu?
2. E se Salete tivesse cortado o chocolate dela em 3 pedaços do mesmo tamanho e comesse 1 pedaço? Como você escreveria a fração de chocolate que Salete comeu?
3. Vamos imaginar agora que Salete pegou o mesmo chocolate e cortou em 4 pedaços iguais e comeu 1 pedaço. Como você escreveria a fração que Salete comeu?
4. Larissa foi à pizzaria e pediu uma *pizza*. Ela dividiu a *pizza* em 5 pedaços iguais e comeu 1 pedaço. Qual a fração que Larissa comeu?
5. Na mesa do restaurante há 3 crianças. A garçonete serviu duas tortas para dividir igualmente entre elas. Qual fração cada criança irá receber?
6. Agora imagine que são 5 crianças que estão sentadas na mesa do restaurante . E a garçonete chegou e serviu duas tortas para dividir igualmente entre elas. Qual fração cada criança irá receber?
7. Cascão desenhou 8 caretinhas e pintou duas das caretinhas. Você pode representar numericamente, em forma de fração, essas caretinhas pintadas em relação à quantidade total de caretinhas?
8. Em uma loja de brinquedos havia 4 bonecas iguais. Lana comprou 3 dessas bonecas para presentear suas sobrinhas. Que fração representa as bonecas que Lana comprou em relação ao total de bonecas da loja?
9. Vamos imaginar agora que na loja há 6 bonecas iguais. Lana comprou 3 dessas bonecas para presentear suas sobrinhas. Que fração representa as bonecas que Lana comprou em relação ao total de bonecas da loja?
10. Das 8 xícaras de um conjunto de chá, 3 estão quebradas. Você pode escrever a fração que indica a quantidade de xícaras quebradas em relação ao total de xícaras?
11. Carla fez uma figura e dividiu em 6 partes iguais. Depois pintou algumas partes dessa figura. Você sabe escrever quantas partes do desenho ela pintou em relação ao desenho todo?
12. Imagine que Carla fez outra figura e dividiu em 8 partes iguais. Depois pintou algumas partes dessa figura. Você sabe escrever quantas partes do desenho ela pintou em relação ao desenho todo?

Terminado esse primeiro momento com esse grupo, levamos as crianças para a sala de aula e retiramos aquelas que fariam parte do G2. Para esse grupo também foram desenvolvidas 12 questões, porém com esse grupo foi trabalhado o significado operador multiplicativo. A seguir descrevo as questões (Quadro 4.2).

A intervenção desse grupo foi voltada para o significado operador multiplicativo e teve por objetivo propiciar a compreensão do conceito da fração nesse

QUADRO 4.2

ATIVIDADES DESENVOLVIDAS NA INTERVENÇÃO I DO G2 – SIGNIFICADO: OPERADOR MULTIPLICATIVO

1. Caio tinha 6 chocolates. Desses chocolates, ele comeu metade. Você pode escrever quantos chocolates ele comeu?
2. E se a mãe de Suely tivesse feito 4 tortas de chocolate e 1 de coco. Que fração do conjunto de tortas representa a torta de coco com relação ao total de tortas que a mãe de Suely fez?
3. Bárbara ganhou um chocolate e comeu $\frac{2}{3}$. Desenhe o chocolate e pinte a parte que Bárbara comeu.
4. Agora imagine que Bárbara pegou o mesmo chocolate e comeu $\frac{2}{5}$. Desenhe o chocolate e pinte a parte que Bárbara comeu.
5. Cássio tinha 8 bolas. Ele organizou as bolas em quatro grupos. Um grupo era de bolas azuis, outro de bolas amarelas, outro de bolas brancas e o último grupo de bolas pretas. Qual a fração que representa as bolas brancas em relação ao total de bolas?
6. Cássio tinha 8 balas, sendo que $\frac{3}{4}$ delas eram de uva. Ele fez três grupos de balas de uva e um grupo de balas de maçã. Quantas balas de uva ele tinha?
7. Cássio adora brincar de organizar. Então resolveu organizar seus 6 cartões telefônicos. Ele fez dois grupos. Um grupo de cartão com desenho e outro grupo de cartão sem desenho. Qual a fração que representa os cartões com desenho em relação ao total de cartões?
8. Imagine agora que Cássio resolveu fazer mais uma organização, agora com seus botões. Ele tinha 15 botões e queria organizá-los em grupos. Você pode desenhar um desses grupos de tal forma que ele indique $\frac{3}{5}$ dos botões que Carlos tem?
9. Fábio tinha 12 bolas de tênis. Ele organizou as bolas de tênis em 6 grupos. Desses grupos, 4 eram de bolas verdes e os outros de bolas brancas. Qual a fração do total de bolas que representa as bolas verdes?
10. Na mesa havia 12 botões. Márcia ganhou $\frac{4}{6}$ desses botões. Você sabe dizer quantos botões Márcia ganhou?

significado. Tal como aconteceu nas atividades de parte-todo, aqui também houve 12 atividades propostas, as seis primeiras envolveram quantidades contínuas, enquanto as seis últimas envolveram quantidades discretas.

Nesse grupo, as crianças cometeram erros similares ao G1 , além de outros erros:

a) escrita errada do número (p. ex., escrever o número 3 do lado contrário);
b) divisão não equitativa das partes;
c) escrita da fração como se fosse dois números naturais;
d) operador remete à parte-todo (nesse tipo de erro o aluno entende a situação, mas não consegue distinguir a qual todo se refere);

e) inversão do numerador pelo denominador (as crianças achavam que número maior seria em cima).

O exemplo abaixo mostra a presença do erro *d* em uma resposta apresentada por um dos alunos nessa intervenção e nossa participação na discussão do erro.

8. Cássio tinha 8 balas e resolveu também organizar 4 grupos. Fez três grupos de balas de uva e um grupo de balas de maçã. Qual a fração que representa as balas de uva em relação ao total de balas?

Resposta do aluno A: Acho que tá certo.
Aluno B: Porque ele não escreveu dois.

Conversa da professora com o aluno: O que vocês acham dessa resposta?

Nesse momento, discutimos com os alunos que quando eles se referissem ao todo, poderiam responder $\frac{2}{8}$, porém, se eles se referissem aos grupos, poderiam escrever $\frac{3}{4}$.

Em seguida, mostraremos o erro *e* de inversão do numerador com o denominador do mesmo grupo na mesma questão feita por outro aluno.

8. Cássio tinha 8 balas e resolveu também organizar 4 grupos. Fez três grupos de balas de uva e um grupo de balas de maçã. Qual a fração que representa as balas de uva em relação ao total de balas?

Resposta do aluno A: Acho que ele inverteu.

Conversa da professora com o aluno: O que vocês acham dessa resposta?

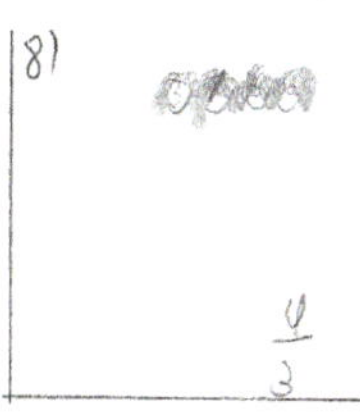

Ao terminarmos o encontro com o G2, levamos os alunos desse grupo de volta para a sala de aula. Por causa do avançado da hora escolar, acertamos que os grupos 3 e 4 trabalhariam conosco no dia seguinte.

Os grupos G3 e G4 tiveram a primeira intervenção sobre fração com o significado medida (o G3) e quociente (o G4). A seguir, apresentamos as 12 atividades dentro do significado medida que foram trabalhadas com o G3 (Quadro 4.3).

QUADRO 4.3

ATIVIDADES DESENVOLVIDAS NA INTERVENÇÃO I DO G3 – SIGNIFICADO: MEDIDA

1. Para fazer refresco de laranja, Sara mistura 1 litro de água e 2 litros de concentrado de laranja. Você pode escrever que fração representa o concentrado de laranja em relação ao total da mistura?
2. Para pintar o seu quarto, Sara misturou 3 litros de tinta rosa com 1 litro de tinta branca. Que fração da mistura representa a tinta branca em relação ao total de tinta?
3. Agora imagine que Sara quer pintar também a sala de sua casa, para isso ela mistura 3 latas de tinta azul com 1 lata de tinta branca. Que fração da mistura representa a tinta branca em relação ao total de tintas?
4. Sara gostou de pintar, então, resolveu pintar a casa toda. Ela misturou 5 latas de tinta azul com 1 lata de tinta branca. Que fração da mistura representa a tinta branca em relação ao total de tintas?
5. Sara cansou de pintar, resolveu fazer um suco de framboesa. E para fazer o suco, ela utiliza 1 copo de água e 2 copos de concentrado de framboesa. Você pode escrever que fração representa o concentrado de framboesa em relação ao total da mistura?
6. Imagine agora que Sara acabou de receber visitas. Ela quer servir gelatina de morango. Para fazer a gelatina, ela utiliza 3 copos de água e 2 de concentrado de gelatina de morango. Escreva a fração que representa o concentrado de gelatina de morango em relação ao total da mistura.
7. Em um saquinho há 8 bolas. Duas dessas bolas são verdes e 6 são brancas. Qual a chance de alguém sem olhar pegar uma bola verde nesse saquinho?
8. Agora vamos imaginar que em um saquinho tem 4 bolas. Dessas bolas, 3 são roxas e 1, preta. Qual fração representa a chance de alguém pegar sem ver as bolas roxas nesse saquinho?
9. Na escola de Cecília teve um sorteio com 6 bilhetes para um passeio no zoológico. Cecília comprou 3 desses 6 bilhetes. Escreva em forma de fração a chance de Cecília ser sorteada.
10. Em um saquinho há 8 bexigas, sendo 3 azuis e 5 rosas. Qual fração representa a chance de alguém tirar do saquinho as bexigas azuis?
11. Temos um baralho com 6 cartas sobre a mesa. Dessas cartas, 4 são coringa. Escreva em forma de fração a chance de alguém tirar um coringa sem ver.
12. Imagine agora que o baralho tem 8 cartas e que 4 delas são coringa. Escreva em forma de fração a chance de alguém tirar o coringa sem ver.

Essa atividade envolveu o significado medida, teve por objetivo propiciar a compreensão do conceito da fração nesse significado. As questões 1, 2, 3, 4, 5 e 6 envolveram frações com quantidades contínuas. Já as questões 7, 8, 9, 10, 11 e 12 envolveram as quantidade discretas.

Alguns erros cometidos pelas crianças nesse grupo também foram similares aos do grupo G1 e do G2. Porém, um outro tipo de erro que chamou bastante atenção foi:

a) a medida remete a parte-parte, ou seja, o aluno despreza o todo envolvido e se remete apenas às partes para resolução da situação. O maior erro foi na questão 2, em que todos os alunos erraram, pois esqueceram do todo envolvido novamente;

b) a inversão do numerador pelo denominador como nos grupos anteriores.

O exemplo a seguir mostra a presença do erro *a* em uma resposta apresentada por um dos alunos nessa intervenção e nossa participação na discussão do erro.

2. Para pintar o seu quarto, Sara misturou 3 litros de tinta rosa com 1 litro de tinta branca. Que fração da mistura representa a tinta branca em relação ao total de tinta?

Resposta do aluno A: Tá errado. Porque total de tintas é 4. **Aluno B**: A senhora explicou no começo da aula embaixo do tracinho.

Conversa da professora com o aluno
O que vocês acham dessa resposta?
Ninguém responde?
Pergunto de novo?
Qual é o total de tintas?
Por que está errado?
Onde vocês vão escrever o total?

Por fim, apresentamos a seguir as atividades a partir das quais trabalhamos o significado quociente. Essas atividades foram em menor número porque não é possível pensar em situações de quociente em que as quantidades sejam discretas. Por exemplo, não há como distribuir 3 bolas de gude para 5 crianças, porque não faz sentido quebrar as bolas para reparti-las (Quadro 4.4).

QUADRO 4.4

ATIVIDADES DESENVOLVIDAS NA INTERVENÇÃO I DO G4 – SIGNIFICADO: QUOCIENTE

1. Marcos ganhou uma torta. Ele quer dividir a torta igualmente para dois amigos. Você pode escrever, usando números, a fração da torta que cada amigo irá receber?
2. E se chegasse mais um amigo de Marcos e ele tivesse que dividir a torta em 3 pedaços do mesmo tamanho. Como você escreveria a fração da torta que cada amigo iria receber?
3. Vamos imaginar agora que antes que Marcos começasse a comer, chegou mais um outro amigo. Marcos terá que dividir igualmente a torta entre 4 amigos. Como você escreveria a fração que cada um irá receber?
4. Luís comprou uma *pizza* para dividir para 5 crianças. Qual a fração da *pizza* que cada um irá comer?
5. Carlos ganhou 2 chocolates para dividir igualmente entre 3 crianças. Qual fração do chocolate cada criança irá receber?
6. E se fossem 2 chocolates para 5 crianças. Qual fração do chocolate cada criança irá receber?

A atividade envolveu o significado quociente, teve por objetivo propiciar a compreensão do conceito da fração nesse significado. Todas as questões envolveram as frações com quantidades contínuas.

Nesse grupo, o único erro que tivemos foi na questão 3 da intervenção, em que os alunos esquecem do todo referido. Ao contrário dos outros grupos, esse grupo só aparece com esse tipo de erro. Abaixo mostraremos a questão e a forma como os alunos escrevem sua resposta.

2. E se chegasse mais um amigo de Marcos e ele tivesse que dividir a torta em 3 pedaços do mesmo tamanho. Como você escreveria a fração da torta que cada amigo irá receber?

Resposta do aluno A: Acho que eu esqueci de colocar que ele vai dividir por 4.

3)

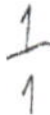

Conversa da professora com o aluno: O que vocês acham dessa resposta?

A segunda intervenção foi como nos outros encontros, sendo feitas apenas as mudanças dos significados da fração para cada grupo como já exposto na Tabela 4.1. Os erros de alguns grupos foram os mesmos, porém com menor frequência.

Ao final dos encontros pudemos perceber que a participação das crianças foi muito proveitosa, pois no momento das discussões elas paravam, refletiam, discutiam suas respostas, tentando chegar às soluções. Ocorreram dúvidas, mas sempre tentamos discutir para chegar à formalização do conceito. Isso acaba por revelar que o trabalho desenvolvido não se limitou à coleta de dados para a análise científica, mas se revestiu de um forte caráter de intervenção pedagógica dos grupos participantes, que realizaram importantes aprendizagens no processo.

A seguir, apresentaremos um dos testes aplicados nos estudantes. Salientamos que foram três testes similares, aplicados antes da intervenção I, entre a intervenção I e II e após a intervenção II.

1. **Pedro e Paulo compraram uma *pizza* para dividir igualmente entre eles.** Pinte de azul a parte que Pedro comeu e de vermelho a parte que Paulo comeu. Utilizando números, escreva qual a fração da *pizza* que cada um comeu.

Resposta

2. **Antes que começassem a comer, chegaram dois amigos do Paulo e do Pedro.** A *pizza* foi então outra vez repartida igualmente entre os quatro amigos. Neste caso, que parte da *pizza* cada um irá comer? Desenhe essa situação e escreva a fração que cada um dos meninos irá comer.

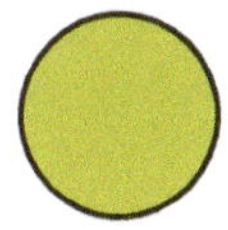

Resposta

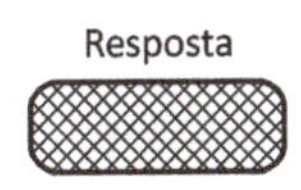

3. **Carlos ganhou uma barra de chocolate.** Ele cortou em 6 pedaços iguais e comeu 4. Pinte os pedaços que ele comeu e escreva a fração.

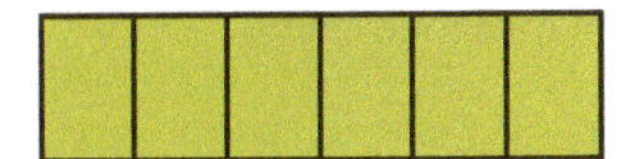

Resposta

4. **Em uma loja de presentes há 2 bonés verdes e 1 boné branco, todos do mesmo tamanho.** Você pode escrever utilizando números a fração que representa a quantidade de boné branco em relação ao total de bonés?

Resposta

5. **No retângulo abaixo, Laís pintou duas caretinhas.** Você pode representar numericamente, **em forma de fração**, essas caretinhas pintadas em relação à quantidade total de caretinhas?

Resposta

6. **Em uma loja de brinquedos havia 5 bonecas iguais.** Sara comprou 3 dessas bonecas para presentear suas sobrinhas. Que **fração** representa as bonecas que Sara comprou em relação ao total de bonecas da loja?

Resposta

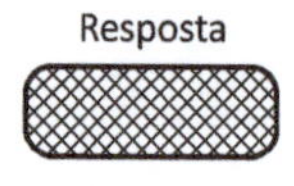

7. **Das 8 xícaras de um conjunto de chá, 2 estão quebradas.** Você pode **escrever a fração** que indica a quantidade de xícaras quebradas em relação ao total de xícaras?

Resposta

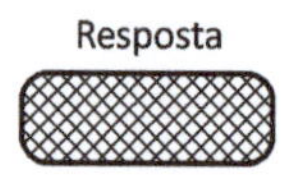

8. **Naná ganhou uma barra de chocolate, partiu em 3 partes iguais e deu 2 partes para sua amiga Luana.** Você pode **escrever que fração** representa a parte que Luana recebeu em relação ao total do chocolate?

Resposta

9. **Na mesa do restaurante há 5 crianças.** A garçonete serviu 3 tortas para dividir igualmente entre elas. Qual **fração** cada criança irá receber?

Resposta

10. **Divida as 2 barras de chocolate que estão desenhadas abaixo para 4 crianças, de tal forma que todas ganhem a mesma quantidade.** Quanto do chocolate cada uma irá receber?

Resposta

11. **Agora divida uma barra de chocolate para três crianças e pinte a parte que uma delas irá comer.**

Resposta

12. **Lana tem 8 barras de cereais.** Ela vai dividir igualmente entre 4 crianças. Você pode **escrever que fração** cada criança irá receber?

Resposta

13. **Silas comprou 6 balões.** Desses balões, $\frac{1}{2}$ são vermelhos. Escreva quantos balões são vermelhos.

Resposta

14. Carla ganhou $\frac{4}{6}$ das bolas abaixo. Circule quanto ela ganhou.

15. Fábio tinha 6 bolas. Ele organizou as bolas em dois grupos. Um grupo era de bolas verdes e o outro era de bolas pretas. Qual a fração que representa as bolas pretas em relação ao total de bolas?

16. Agora, Fábio tem 8 bolas organizadas em quatro grupos. Três grupos são de bolas verdes e um é de bolas amarelas. Qual **a fração** que representa as bolas verdes em relação ao total de bolas?

17. Lulu ganhou um chocolate e comeu 3/5. Pinte a quantidade de chocolate que Lulu comeu.

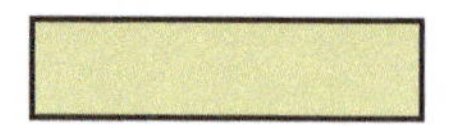

18. A tia de Sandra fez bolos de morango e chocolate. Que **fração** representa os bolos de morango em relação ao total de bolos?

19. A mãe de Carlos fez 1 torta de morango e 3 de chocolate. Que **fração** do conjunto de tortas representa as tortas de chocolate com relação ao total de tortas que a mãe de Carlos fez?

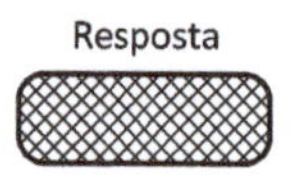

20. **Carlos deu 4/8 de um queijo para 8 crianças.** Desenhe abaixo o número certo de crianças e de queijo, de tal forma que cada criança receba os 4/8 do queijo que Carlos deu.

Resposta

21. **Em um saquinho há 6 bolas de gude.** Dessas bolas, 4 são cinzas e 2 são verdes. Qual a chance de alguém, sem olhar, pegar uma bola cinza nesse saquinho?

Resposta

22. **Vamos imaginar que alguém tirou as bolas azuis e verdes e que colocou no saquinho agora 2 bolas brancas e 2 bolas pretas.** Qual a chance de alguém, **sem ver**, tirar do saquinho uma bola branca?

Resposta

23. **Observe o baralho: Qual a chance de tirar uma carta verde nesse baralho?**

Resposta

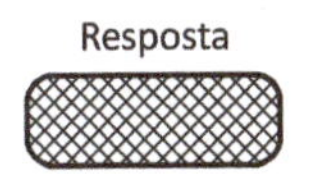

24. **Na escola de Paulo foi feito um sorteio com 8 bilhetes para um passeio.** Paulo tinha comprado 4 desses 8 bilhetes. Qual a chance de Paulo ser sorteado?

Resposta

25. **Um pintor misturou 3 litros de tinta preta com 1 litro de tinta branca.** Que fração da mistura representa a tinta branca em relação ao total de tinta?

Resposta

26. **Para fazer uma jarra de suco de caju, Carla mistura 1 litro de água e 2 litros de concentrado de caju.** Você pode **escrever que fração** representa o concentrado de caju em relação ao total da mistura?

Resposta

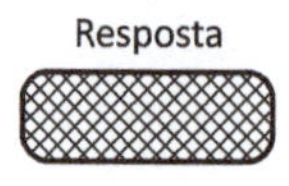

27. **Para preparar uma jarra de refresco de uva, Cláudia necessita de um copo de concentrado de uva e um copo de água.** Você pode **escrever que fração** representa o concentrado de uva em relação à mistura total?

Resposta

28. **Para fazer um cimentado, um pedreiro mistura duas latas de cimento com seis latas de areia.** Qual a fração que representa as latas de cimento em relação ao total de latas da mistura?

Resposta

Como foram os desempenhos dos alunos nos três testes

A Tabela 4.2 apresenta os resultados dos alunos nos testes que aplicamos. Vale a pena relembrar que os testes tiveram questões referentes aos quatro significados trabalhados nas intervenções, embora nessas, cada grupo só tenha trabalhado com dois desses significados.

TABELA 4.2

PERCENTUAL DE ACERTOS EM RELAÇÃO AOS SIGNIFICADOS DA FRAÇÃO DOS SUBGRUPOS DO G3 NOS TESTES-DIAGNÓSTICO

Significados	Parte-Todo (%)			Quociente (%)			Operador Multiplicativo (%)			Medida (%)		
Teste/ Grupo	**Pré**	**Int.**	**Pós**	**Pré**	**Int.**	**Pós**	**Pré**	**Int.**	**Pós**	**Pré**	**Int.**	**Pós**
G1 (PT+Me)	13,9	51,4	**63,9**	2,8	52,8	33,3	8,3	34,7	34,7	4,2	13,9	43,1
G2 (OM+Qu)	14,3	55,4	**89,3**	3,6	28,6	32,1	3,6	25,0	48,2	5,4	26,6	44,6
G3 (Me+PT)	20,3	40,6	62,5	6,3	40,6	37,5	12,5	34,4	31,3	6,3	35,9	50,0
G4 (Qu+OM)	21,4	62,5	**85,7**	10,7	28,6	21,4	19,6	39,3	48,2	12,5	48,2	50,0
Geral	17,3	52,0	74,2	5,6	38,7	31,5	10,9	33,5	39,9	6,9	30,2	46,8

- Números com negrito indicam o maior percentual de acerto dos grupos no pós-teste;
- Números sublinhados indicam o percentual de acerto dos grupos no pós-teste relacionado ao significado trabalhado na intervenção de ensino.

A partir da leitura da Tabela 4.2 é possível notar que houve um forte crescimento do pré-teste para o pós-teste em todos os grupos e isso foi válido para todos os significados do teste. Em termos absolutos, as questões do teste que envolveram parte-todo foram aquelas em que os estudantes de todos os grupos tiveram o maior percentual de acerto no pós-teste. Mas também foram nas questões de parte-todo que os quatro grupos tiveram seu melhor desempenho de partida (no pré-teste). Tal resultado nos faz pensar que o significado da fração enquanto parte-todo é algo intuitivo no pensamento do estudante, talvez porque ele já tenha tido algum contato com situações de seu cotidiano nas quais esse tipo de significado apareça. Os resultados também mostram que os grupos, ao final (no pós-teste), tiveram um bom desempenho nas questões que envolviam o significado medida.

Em relação aos grupos, notamos que foi o G2 (OM+Qu) que apresentou o melhor desempenho. Assim podemos dizer que a nossa intervenção auxiliou o grupo a ter melhor desempenho em todos os significados. Notamos que esse grupo consegue distribuir seu crescimento, quase de forma equitativa entre os significados, pois cresce entre uma vez meia e quase duas vezes nos outros significados entre teste intermediário e pós-teste.

Podemos ainda notar que temos dois grupos com um perfil de desempenho muito próximo um do outro, que foram os grupos G1 (PT + Me) e G3 (Me + PT). De fato, esses grupos cresceram substancialmente nos significados que foram trabalhados nas intervenções recebidas.

Em seguida apresentaremos a Tabela 4.3 e a Figura 4.1, que identificam o total de acertos em cada um dos significados (parte-todo, quociente, operador multiplicativo e medida) em relação ao testes-diagnóstico (pré, intermediário e pós-teste). Salientamos que aqui juntamos os acertos de todos os grupos, pois nossa intenção é observar os avanços dos estudantes, de um modo geral, nos três testes, dando especial atenção aos avanços por significados.

Tal como aconteceu na análise do desempenho dos grupos nos testes, aqui também se confirma que o significado parte-todo foi aquele em que os alunos apresentaram seu maior desempenho, tanto no início (pré-teste) quanto no final (pós-teste). Porém, em termos relativos, notamos que o significado medida foi o que apresentou um crescimento mais constante de um para outro teste. Isso significa que, embora os alunos tenham partido de um baixo percentual de acerto no início (abaixo de 10%), esse significado cresce em linha constante, chegando a quase 50%, ou seja, cinco vezes mais. O segundo significado que apresentou o maior crescimento relativo foi o quociente, que cresceu 5,6 vezes mais.

TABELA 4.3

RELAÇÃO ENTRE O TOTAL DE ACERTOS DOS QUATRO SIGNIFICADOS E OS TRÊS TESTES

Significados **Teste**	**Parte-Todo** **%**	**Quociente** **%**	**Operador Multiplicativo** **%**	**Medida** **%**
Pré-teste	17,3	5,6	10,9	6,9
Intermediário	52,0	38,7	33,5	30,2
Pós-teste	74,2	31,5	39,9	46,8

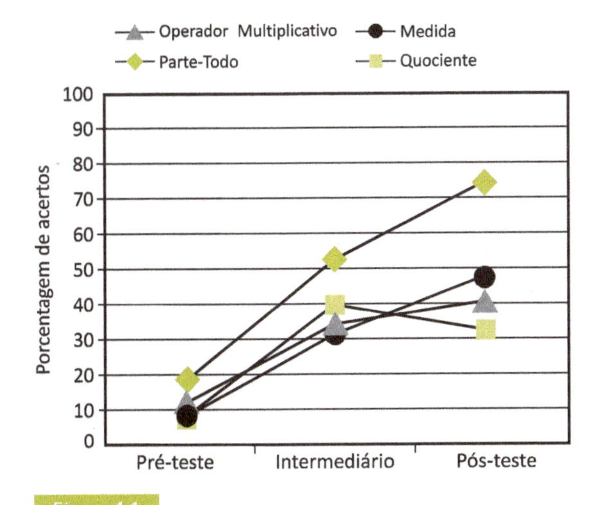

Figura 4.1
Total de acertos dos quatro significados da fração em relação aos três testes.

Considerações pedagógicas finais

Face aos resultados, defendemos a ideia de que é possível reconhecer que cada um dos significados teve um papel importante na aprendizagem da fração pelos alunos. Todos trouxeram contribuições para o início da apropriação desse objeto, visto que houve crescimento em todos os grupos. Lembramos que nesse estudo trabalhamos apenas com dois significados por grupo e pudemos observar a contribuição de cada significado da fração dentro de cada grupo.

Nesse sentido, chamamos atenção para a importância de trabalharmos os diferentes significados da fração, visto que observando o desenvolvimento dos grupos foi possível encontrar efeitos distintos na aprendizagem inicial da fração, dependendo do significado que se utilizou para introduzir esse conceito. Portanto, poderíamos afirmar que trabalhar a fração a partir dos seus significados contribui para o entendimento desse conceito, que faz necessário um trabalho mais consistente em relação a este conceito.

No que se refere ao nosso estudo, nos sentimos confortáveis para pensar que nossos resultados muito provavelmente contribuíram para mostrar a participação de cada um dos significados de fração aqui investigados no que diz respeito à construção do conceito em crianças pequenas (8 anos). O estudo também contribuiu para sugerir a pertinência de trabalhar com o tema fração na escola já no 2º ano do ensino fundamental.

Referências

BEZERRA, F. J. *Introdução do conceito de número fracionário e de suas representações*: uma abordagem criativa para a sala de aula. Dissertação de Mestrado em Educação Matemática, Pontifícia Universidade Católica de São Paulo. São Paulo, 2001.

CAMPOS, T. et al. *Lógica das equivalências*: relatório de pesquisa. São Paulo: Pontifícia Universidade Católica de São Paulo, 1995 (Não publicada).

MALASPINA, M.C.O. As frações no 1º ciclo do ensino fundamental: um estudo intervencionista com alunos de 2ª série. In: *VIII Encontro Paulista de Educação Matemática* – EPEM, 2006.

___ . Introdução do conceito de fração com crianças da 2ª série ensino fundamental a partir dos quatros diferentes significados da fração : Uma Intervenção de Ensino. In: *Anais do XI Encontro Brasileiro de Estudantes de Pós-Graduação em Educação Matemática* – EBRAPEM, Curitiba, 2007.

MAGINA, S.; CAMPOS, T. A fração nas perspectivas do professor e do aluno dos dois primeiros ciclos do Ensino Fundamenta. *Bolema*, Rio Claro, n.31, p.23-40, 2008.

MAGINA, S.; BEZERRA, F.J., SPINILLO, A. Como desenvolver a compreensão da criança sobre fração? Uma experiência de ensino. *Revista Brasileira de Estudos Pedagógicos*, v.90, n.225, 2009.

MERLINI, V.L. *O Conceito de Fração em seus diferentes significados*: um estudo diagnóstico com alunos de 5ª e 6ª séries do ensino fundamental. Dissertação de Mestrado em Educação Matemática,Pontifícia Universidade Católica de São Paulo, 2005

NUNES, T. CAMPOS, T.; MAGINA, S.; BRYANT, P. Introdução à Educação Matemática: os números e as operações numéricas. São Paulo: Proem, 2001.

NUNES, T.; CAMPOS, T.; MAGINA, S.; BRYANT, P. *Educação Matemática*: números e operações. São Paulo: Cortez, 2005.

NUNES, T.; BRYANT, P. *Crianças fazendo matemática*. Porto Alegre: Artmed, 1997. Tradução de Sandra Costa.

NUNES, T. et al. The effect of situations on children´s understanding of fractions. Trabalho apresentado na *British Society for Research on the Learning of Mathematics*, Oxford, jun. 2003.

Estatística nos anos iniciais de escolarização

5

Gilda Guimarães

Este capítulo reflete alguns estudos que evidenciam como se dá o desenvolvimento da compreensão de conceitos estatísticos por crianças e adultos dos anos iniciais de escolarização e como os professores vêm abordando esses conceitos nas salas de aula.

Em 1997, os Parâmetros Curriculares Nacionais de Matemática e a Proposta Curricular destinada ao primeiro segmento do ensino fundamental da Educação de Jovens e Adultos passaram a incluir o eixo tratamento da informação para ser desenvolvido desde as séries iniciais do ensino fundamental. Essa inclusão deveu-se às novas competências e habilidades requeridas pela sociedade contemporânea, as quais exigem das pessoas que buscam atuar de forma crítica e reflexiva nos âmbitos social, político, econômico, cultural e educacional, a compreensão de informações organizadas estatisticamente.

Entretanto, costumamos nos perguntar: Estatística nos anos iniciais, o que deve ser ensinado? O que é preciso saber? Como ensinar?

Este capítulo tem como objetivo refletir sobre o trabalho pedagógico acerca de conceitos e procedimentos no campo da estatística. Nesse sentido, busco discutir alguns estudos sobre Estatística realizados por um grupo de pesquisadores da Universidade Federal de Pernambuco, que vem tentando compreender as dificuldades e facilidades dos alunos e professores nesse eixo com a intenção de subsidiar o trabalho nos anos iniciais de escolarização.

Diante da inclusão da estatística no currículo brasileiro, diversas dúvidas foram geradas. Essas dúvidas, muito presentes nas escolas e em discussões junto aos professores, têm sido foco de pesquisas e reflexões no mundo todo e são fundamentais para que o professor possa realmente exercer o seu papel de mediador na construção do conhecimento estatístico.

Acredito que para o professor construir um processo de ensino-aprendizagem de qualidade – capaz de fazer com que os alunos se apropriem dos conhecimentos desejados – seja necessário não só uma boa formação inicial e continuada, como também um vasto número de suportes que incluem: bons livros didáticos, manuais de professor compatíveis com as necessidades destes, livros paradidáticos e textos que tragam para a formação do professor os resultados de pesquisas recentes na área.

Essa maior qualificação dos professores permitirá um melhor encaminhamento do processo de ensino e aprendizagem sobre o ensino da estatística. Acredito que a parceria entre professor universitário e professor do ensino fundamental permitirá avançarmos nas pesquisas, no ensino e, consequentemente, em direção a uma educação de qualidade. Nesse sentido, os artigos científicos em periódicos e anais de congresso desempenham papel fundamental. Entretanto, muitos professores não têm acesso a esses textos.

Pensando nisso, Guimarães e colaboradores (2006) investigaram, no período de 2001 a 2006, quais artigos apresentados em periódicos ou em anais de eventos científicos da área que poderiam contribuir para a formação do professor no que diz respeito à educação estatística. As autoras encontraram 51 publicações em anais de congressos referentes à educação estatística nos anos iniciais do ensino fundamental e sete artigos em periódicos científicos. Assim, considerando os anos iniciais do ensino fundamental, temos algumas publicações brasileiras, mas essas são, ainda, escassas.

Porém, não se pode esquecer que o livro didático e seu respectivo manual de orientação ao professor também são ferramentas valiosas no planejamento das aulas. Os manuais de orientação ao professor podem se constituir em importantes referenciais à formação e à prática dos professores, e devem propor estratégias didáticas para associar os saberes sobre o objeto de estudo, os saberes a serem ensinados e os saberes sobre as estratégias de ensino, considerando a escola uma instituição social dotada de especificidades, na qual os usos escolares do conhecimento precisam ser articulados com os saberes derivados da experiência cotidiana.

Guimarães e colaboradores (2007) realizaram uma análise dos manuais de orientação ao professor das 17 coleções didáticas de matemática para as séries iniciais, aprovadas pelo Programa Nacional de Livro Didático-PNLD 2004. As autoras observaram que todas as coleções propõem um trabalho com estatística, entretanto, observaram que as explicações apresentadas nos manuais eram muito vagas e existiam lacunas em relação aos conceitos que poderiam ser trabalhados nos anos iniciais de escolarização. Vejamos um exemplo.

Em um dos manuais examinados havia uma orientação de que na coleção eram exploradas situações de estatística e probabilidade, visando que o aluno aprendesse a fazer registro em tabelas e a resolver questões com mais de uma possibilidade de solução.

Será que professores que não tiveram uma formação para o ensino de estatística conseguirão desenvolver um trabalho em suas salas com uma informação como essa? Diante de uma informação como essa, um professor pode perguntar: o que são situações de estatística e probabilidade? O que os alunos precisam compreender sobre representação em tabelas? Que tipo de questões podem ser propostas?

Apesar de a maioria dos manuais de orientação ao professor abordar de forma superficial os conceitos que podem ser trabalhados nesse nível de ensino em relação à estatística, algumas coleções apresentam mais especificamente o que é possível ser desenvolvido na escola e podem ser consultadas como fonte de estudo. Espera-se, por outro lado, que cada vez mais as orientações ao professor nesses manuais contribuam com o planejamento das aulas e ajudem a uma maior qualificação do ensino. Cabe a nós professores fazer desse suporte, de fato, um instrumento de apoio ao ensino.

Nesse momento, você leitor pode estar se perguntando o que seria então o trabalho com estatística nos anos iniciais de escolarização. Assim, buscarei refletir sobre alguns conceitos, visando contribuir para essa formação e tendo como base vários autores que vêm discutindo o que se espera dos indivíduos em relação a uma competência estatística. Farei isso utilizando a análise de livros didáticos.

O que é ser estatisticamente competente?

Acredito que ser estatisticamente competente significa ser crítico em relação à informação veiculada através de conteúdos estatísticos. Para isso, é preciso conhecer sobre os dados, como interpretá-los, aprender a colocar perguntas críticas e refletidas acerca do que é apresentado, ou seja, saber se os dados coletados são confiáveis e representativos da amostra.

Em um raciocínio estatístico, os dados são vistos como números em um contexto no qual são a base para a interpretação dos resultados. Apesar de utilizarmos conceitos matemáticos para resolver os problemas estatísticos, estes não são limitados por aqueles, o fundamental nos problemas estatísticos é que, pela sua natureza, não têm uma solução única e não podem ser avaliados como totalmente errados ou certos, devendo ser avaliados pela qualidade do raciocínio e adequação dos métodos utilizados nos dados existentes.

A estatística é dividida em dois ramos: descritiva e inferencial.

1. A estatística descritiva tem por finalidade a caracterização de um conjunto de dados de modo a descrever apropriadamente as várias características desse conjunto.
2. A estatística inferencial pode ser definida como os métodos que tornam possível a estimativa de uma característica de uma população ou a tomada de uma decisão. Supõe-se que um conjunto de dados analisados é uma amostra de uma população e o interesse é predizer o comportamento dessa população a partir dos resultados da amostra.

Vejamos um exemplo:

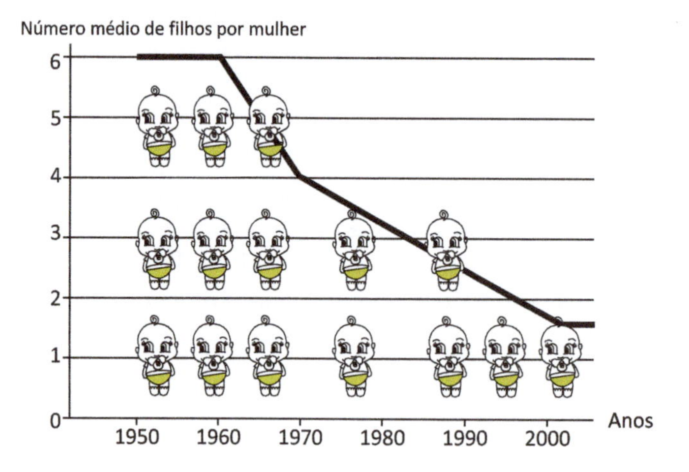

Gráfico 5.1

A partir do Gráfico 5.1, podemos realizar uma análise descritiva. Para tal, poderíamos fazer perguntas que descrevessem o gráfico como: quantos bebês nasceram em média em 1950 ou em 1970? Qual a década que teve uma média de natalidade maior? Porém, para realizarmos análises inferenciais, apesar dos dados poderem ser os mesmos, o que se modifica são as questões que colocamos diante dos dados. Nesse caso, as questões poderiam ser: qual a média de natalidade provável em 2010?; porque a média de natalidade vem decrescendo?; entre outras.

Os livros didáticos vêm apresentando atividades sobre esses dois ramos?

Foi com o objetivo de responder questões dessa natureza que Guimarães e colaboradores (2006) realizaram uma análise das atividades envolvendo gráficos e tabelas nas 17 coleções de livros didáticos de matemática, recomendadas pelo PNLD 2004 para as séries iniciais do ensino fundamental, a fim de compreender as principais habilidades, conceitos e representações que estão sendo propostos para serem trabalhados.

Analisando essas coleções, as pesquisadoras afirmam que todas propõem atividades sobre o ensino de estatística e em todos os anos. Observaram que as atividades propunham um trabalho com representações em gráficos, em tabelas e, ainda, outras que trabalhavam a passagem de uma representação em gráfico para uma representação em tabela ou vice-versa. Vergnaud (1985) argumenta que os exercícios que permitem passar de uma representação de gráficos para uma tabela e vice-versa são importantes pedagogicamente, tanto para a atividade classificatória como para outras atividades lógico-matemáticas.

Entretanto, entre as atividades que trabalhavam uma representação em tabela, a maioria utilizava as tabelas para conversão de unidades ou para operar com números, como na Figura 5.1. Esse tipo de atividade, de fato, não explora a tabela com a finalidade da caracterização de um conjunto de dados de modo a descrever suas características.

Tabelas como a da Figura 5.1 são utilizadas como uma forma de propor um problema aritmético. A situação é interessante, pois exige do aluno que ele resolva problemas de combinação tendo a incógnita em diferentes posições. Porém, essa atividade não ajuda os alunos a compreenderem a função das tabelas e, principalmente, a compreenderem como construir uma tabela.

Nessa mesma linha, foram encontradas várias outras atividades referentes à interpretação de uma tabela (Figura 5.2) ou a uma das fases de construção (Figura 5.3), que é o preenchimento dos dados em uma tabela já estruturada.

1. As cinco classes compareceram, sem falta de aluno. Na tabela, você tem informações que lhe permitem obter outras e, assim, saber quantos alunos estão no sítio nesse dia festivo.

- Copie e complete.

	4ª A	4ª B	4ª C	4ª D	4ª E
Meninas	19		16		18
Meninos		27	18	19	
Total de alunos	35	38		38	37

Figura 5.1

Exemplo de uso de tabela em sala de aula.

a) Qual é a capital da Região Sul com a maior população?

- E a que tem a menor população?

Capital	População
Curitiba	1 671 194
Florianópolis	369 102
Porto Alegre	1 394 085

Fonte: Almanaque Abril 2004.

Figura 5.2

Interpretação de tabela.

27. Qual ave voa mais alto?

a) Analise o gráfico abaixo.

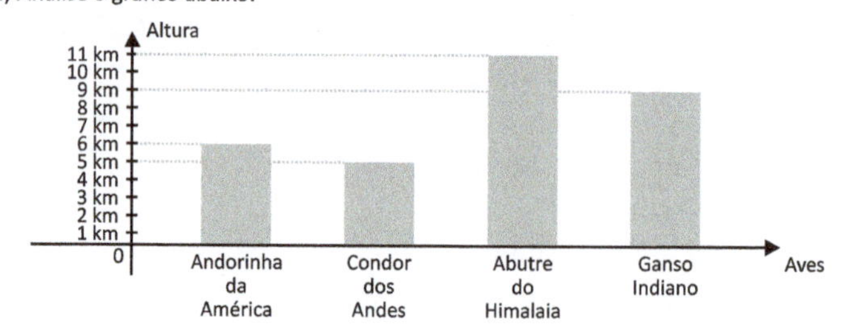

De acordo com o gráfico, copie e complete a tabela.

Aves	Altitude que voam as aves
Andorinha da América	
Condor dos Andes	
Abutre do Himalaia	
Ganso Indiano	

Figura 5.3

Preenchimento de uma tabela já estruturada.

Atividades como definição de descritores[1], criação de títulos e nomeação de categorias não foram exploradas. Isso revela que as atividades de classificação, tão importantes para a construção de tabelas e gráficos, são pouco valorizadas no ensino de matemática dos anos iniciais, ao menos no que concerne às atividades apresentadas por esses livros didáticos. Mais adiante voltaremos a discutir a respeito dessa pesquisa sobre os livros didáticos. Agora, refletiremos a respeito de "classificar".

A importância de classificar

Apesar de a maioria dos livros didáticos não propor atividades de classificação, trabalhar com esse conceito é fundamental, principalmente no que se relaciona à estatística. Como é possível tratar os dados ou organizá-los em gráficos e/ou tabelas sem classificar? Uma das dificuldades dos alunos é exatamente a classificação dos dados.

Classificar significa verificar em um conjunto de elementos aqueles que têm uma mesma propriedade. Por exemplo, em um conjunto de brinquedos podemos classificar pelo tipo de material (pode ser chamado também de critério ou descritor), que pode ser de madeira ou de plástico (propriedades). Infelizmente, o que se tem observado é que o ensino tem se preocupado muito mais com que os alunos memorizem formas de classificar do que no desenvolvimento do pensamento lógico que permite o classificar. Um exemplo disso é a ênfase na aprendizagem da classificação de animais em "mamíferos, répteis, anfíbios..." em detrimento de infinitas outras formas que podemos utilizar para classificar os animais. Dessa forma, o que se ensina não é classificar e sim uma classificação. A atividade cognitiva "classificar" é diferente da atividade "registrar". Tal distinção merece uma atenção do professor, em especial em atividades matemáticas.

Vejamos um exemplo: Guimarães, Roazzi e Gitirana (2002) propuseram a alunos de 4º ano que observassem cartões com figuras de bichos, classificassem os animais e organizassem essas informações em uma tabela. Um dos alunos preencheu como está apresentado a seguir:

---

[1] Descritor é um termo utilizado para nomear o critério de classificação utilizado.

	Asa	*Mora*	*Tamanho*	
Borboleta	*tem*	*natureza*	*pequeno*	*sim*
Leão	*não*	*selva*	*grande*	*sim*
Águia	*tem*	*voa*	*médio*	*sim*
Coelho	*não*	*mato*	*médio*	*não*

O que podemos dizer sobre essa classificação? Na primeira coluna, o aluno se preocupou em colocar o descritor, ou seja, o nome do critério que estava utilizando (asa) e foi escrevendo quem tinha ou não asa. Esse aluno fez corretamente uma classificação que denominamos nominal binária, porque só tem dois valores (tem asa/não tem asa).

Na segunda coluna, o aluno novamente teve a preocupação de colocar o descritor, mas quanto à classificação... Se uma classificação implica definir um critério e organizar os elementos em função dele, como pode um animal morar na selva e outro na natureza? Selva não é natureza? Mato não é natureza? Quem voa, voa onde? Observa-se, assim, que esse aluno ao buscar estabelecer uma classificação, com variável nominal[2], cometeu equívocos.

Na terceira coluna, o mesmo aluno cria uma variável ordinal e nomeia o descritor (tamanho) corretamente. Já na última coluna, temos novamente a ausência do descritor de uma variável, provavelmente nominal binária, pois só temos dois valores (sim e não). Nessa classificação fica impossível sabermos a que ele estava se referindo, apesar da mesma ser provavelmente uma classificação.

O exemplo descrito acima nos chama a atenção de dois fatores: 1) um mesmo aluno pode classificar corretamente ou não os mesmos elementos; 2) um aluno de 9 anos sabe classificar utilizando diferentes tipos de variáveis.

Esse é um exemplo, entre vários outros, que nos evidencia a possibilidade de os alunos definirem descritores, classificarem segundo os mesmos e repre-

---

[2] Os descritores podem ser categorizados como qualitativos, quando os diferentes valores não são ordenáveis (variável nominal), descritores ordinais, quando os valores são ordenáveis, mas não mensuráveis, e descritores quantitativos, quando os diferentes valores podem ser postos em uma escala de medida numérica.

sentá-los em tabelas. Por outro lado, também nos mostra que é importante na escola propormos atividades que levem os alunos a realizar classificações e a discutir sobre a pertinência das mesmas. Qualquer elemento pode ser classificado de maneiras diferentes e isso é fundamental, pois classificamos a partir de nosso interesse e experiências. O trabalho com classificações é possível de ser realizado desde a educação infantil.

Visando reforçar esse posicionamento a respeito da classificação, faço o relato de uma experiência. Vi certa vez uma professora que trabalhava com crianças de 4 anos classificando os alunos pelo signo. Assim as crianças foram agrupadas por serem aquário, leão, capricórnio, etc.

	Signos	
Aquário	Leão	Capricórnio
Pedro	Mariana	Gabriel
Fábio		

Um belo dia, um dos alunos chegou à sala dizendo que ele era do signo de cachorro. A professora percebeu que ele havia sido informado de seu signo no horóscopo chinês e aproveitou a ocasião para discutir com os alunos que havia dois tipos de horóscopos. Apresentou aos alunos o horóscopo chinês e foi conjuntamente classificando cada aluno em função do mesmo. A partir daí, os alunos começaram a discutir que às vezes eles estavam no mesmo grupo, por exemplo eram aquário, e outras vezes não estavam, um podia ser cavalo e o outro cachorro.

Horóscopo			**Horóscopo Chinês**		
Aquário	Leão	Capricórnio	Porco	Cachorro	Cavalo
Pedro	Mariana	Gabriel	Pedro	Fábio	Gabriel
Fábio					Mariana

Assim, os alunos perceberam que existem diferentes maneiras de se classificar os mesmos elementos, mas que não podiam misturar os dois tipos de horóscopo, uma vez que tinham que primeiro dizer qual era o critério de classificação.

Dessa forma, para que os alunos sejam capazes de construir gráficos e tabelas, como forma de organização de informações que possibilitem analisar os dados, é preciso que um trabalho nesse sentido seja efetivado.

Construção de gráficos e tabelas

Voltando à pesquisa de Guimarães e colaboradores (2006) sobre os livros didáticos, podemos dizer que as pesquisadoras constataram ainda que em atividades com representações em gráficos as etapas de coleta, organização e sistematização de dados têm sido pouco exploradas pelos livros didáticos analisados. Apesar da ação de pesquisa ser fundamental, pois nessas situações os alunos conseguem perceber a função dessa representação, das 2080 atividades que trabalhavam com esses tipos de representação, apenas 9 solicitavam que os alunos elaborassem e construíssem um gráfico precisando estabelecer uma escala, nomear categorias e definir um título.

Assim, o trabalho que vem sendo enfatizado nas coleções analisadas refere-se à aprendizagem desse tipo de representação e não à sua função. O livro didático de matemática dos anos iniciais ainda precisa procurar articular representações gráficas às práticas e necessidades sociais, incentivando os alunos a pesquisar e a confrontar ideias, propondo atividades em pequenos grupos. Dessa forma, os alunos têm sido levados muito mais a aprender sobre a representação em si do que sobre a função dessa representação como forma de organização de dados e estabelecimento de inferências.

Essa pode e deve ser, também, uma atividade desenvolvida pelo professor independente do livro didático. Aliás, uma coleta com dados recolhidos pelos alunos de cada sala será, provavelmente, bem mais interessante para os mesmos.

Assim, a descrição de dados a partir de formas visuais envolve explicitar informações, reconhecer convenções gráficas e fazer relações diretas entre os dados originais e as formas visuais. A representação de dados envolve a construção de formas visuais incluindo representações que exibem diferentes organizações de dados.

O sistema simbólico pode ser um amplificador conceitual. A construção de gráficos e tabelas exige a escolha do melhor tipo de representação, a definição de eixos ou dos descritores e a escolha da escala. Os dados podem ser organizados em diversos tipos de gráficos, como barras verticais ou horizontais, simples ou em setores, linha, pictórico, entre outros.

Um gráfico em barras, tanto horizontal como vertical, permite aos alunos estabelecer comparações de frequências ou percentuais:

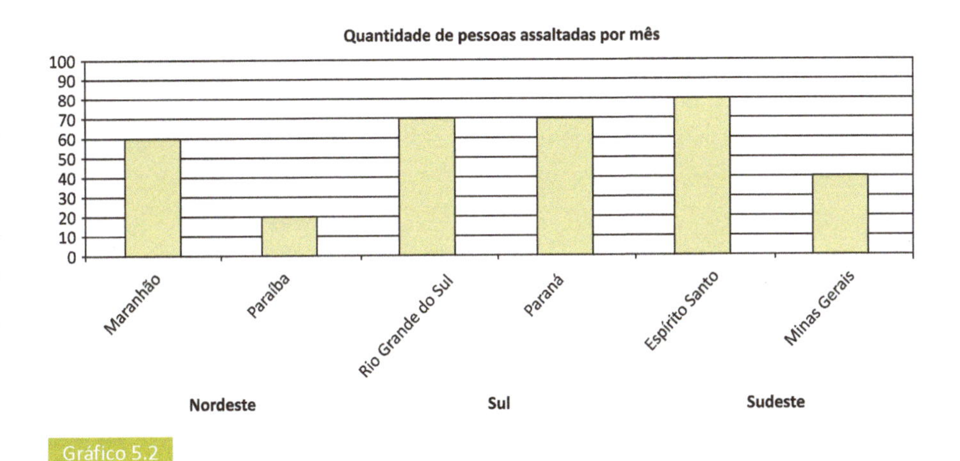

Gráfico 5.2

A partir do gráfico acima podemos elaborar várias questões. Algumas exigem do aluno uma análise de pontos (máximo ou mínimo) e outras que sejam realizadas análises de variação (comparação entre barras, aumentos, decréscimos, ausência de variação e tendências), como, por exemplo:

a) Em qual estado a quantidade de assaltos é maior? *(ponto máximo)*
b) Qual estado tem menos assaltos? *(ponto mínimo)*
c) Qual a quantidade de assaltos no Maranhão? *(localização de frequência a partir de uma categoria)*
d) Qual a diferença de assaltos por mês em Minas Gerais e no Rio Grande do Sul? *(comparação entre barras)*
e) Em qual dessas regiões do país (sul, nordeste, sudeste) houve maior número de assaltos? *(combinação de barras)*

Podemos também trabalhar com gráficos em barra nos quais para cada categoria é apresentado mais de um valor, como no gráfico a seguir. Esse tipo exige que o aluno compreenda a função da legenda.

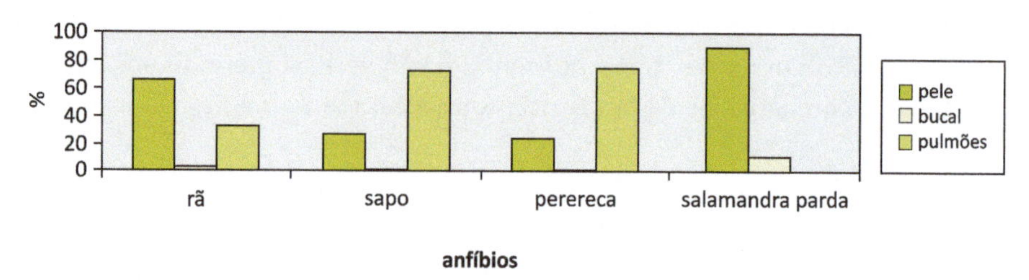

Gráfico 5.3

Fonte: Silva e Fontinha (1996). Os seres vivos. IBEP, São Paulo.

Diante de uma pergunta pontual (ponto máximo), como, por exemplo: *Qual dos anfíbios apresenta maior percentual de respiração pulmonar?*, o aluno primeiro precisa identificar a forma correspondente ao tipo de respiração solicitado (bolinha) para, em seguida, procurar a maior barra. Da mesma maneira, diante de uma questão pontual de localização de percentual a partir de uma categoria como: *Qual o percentual de respiração pela pele de uma rã?*, o aluno precisa identificar na legenda a forma correspondente à respiração pela pele e localizar os dados referentes ao animal "rã" para poder responder.

Já um gráfico em linha é geralmente utilizado quando queremos mostrar a variação de algo no decorrer de um tempo.

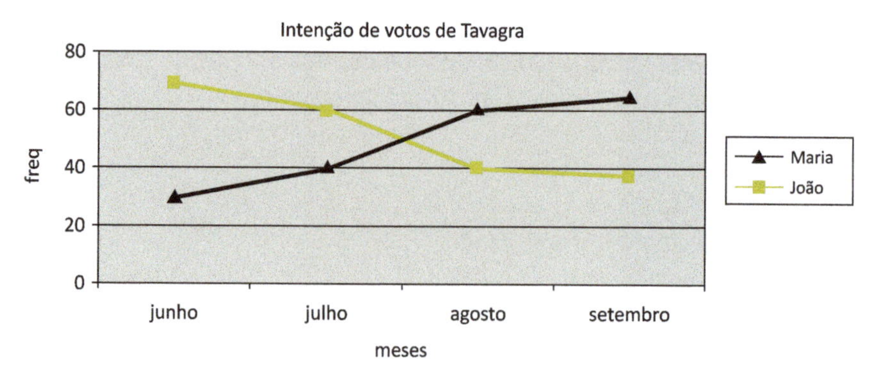

Gráfico 5.4

Nesse tipo de gráfico podemos realizar questões que comparam pontos como: *Qual candidato começou com mais intenção de votos?* Ou: *Quantas intenções de votos Maria tem a mais que João em setembro?* E questões que exigem dos alunos uma análise da variação como: *O que aconteceu com a intenção dos votos de João e de Maria entre os meses de junho e setembro?*

Outro tipo que pode ser trabalhado é o gráfico em setores. Esse gráfico facilita a visualização de comparações entre as partes e as partes em relação ao todo, pois a parte ou setor é uma fração do todo. No gráfico a seguir, por exemplo, podemos facilmente comparar a banda preferida e ainda saber a quantidade de alunos pesquisados. Entretanto, os gráficos em setores são fáceis de interpretar, mas são difíceis de serem construídos. Para sua construção, é necessário estabelecer a proporcionalidade entre a frequência ou o percentual de cada setor e o grau do ângulo correspondente na circunferência. Devido a essas complexidades, acreditamos que a construção desse tipo de gráfico não deve ser exigida para os alunos até o 5º ano, a não ser que os mesmos sejam construídos com o auxílio de um *software* no computador.

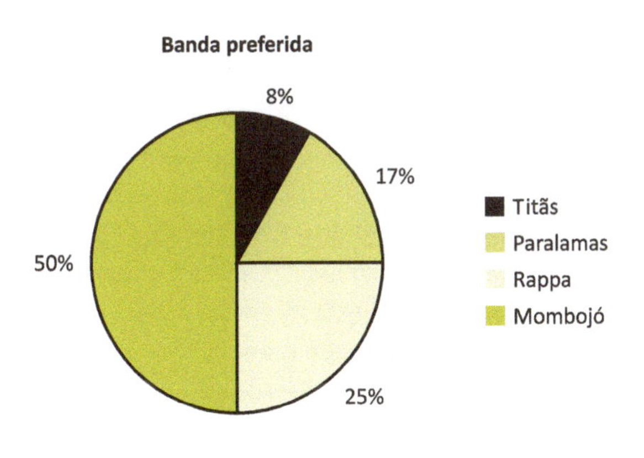

Gráfico 5.5

O trabalho de construção de um gráfico exige uma classificação dos elementos em categorias, o estabelecimento do descritor ou nome-identificador dessas categorias, a escolha da escala que vai ser utilizada, o título do gráfico, a necessidade ou não da legenda e a nomeação dos eixos (horizontal e vertical).

Na literatura, encontramos vários autores afirmando que existe uma ênfase desproporcional no currículo em relação às questões que envolvem interpretações locais em detrimento de interpretações variacionais.

Nesse momento, gostaria de ressaltar que a aprendizagem desse tipo de representação tem sido considerada fundamental, e uma das razões é sua utilização pela mídia. Estando os gráficos presentes em nosso cotidiano e, consequentemente, na sala de aula, estes se constituem em instrumento cultural e também em conteúdo escolar, uma vez que a escola é a instituição responsável pelo ensino de conhecimentos desenvolvidos pela sociedade ao longo da história.

Mídia e representações em gráficos

Uma vez que é ressaltado que os meios de comunicação cada vez mais incluem dados estatísticos em suas publicações, Cavalcanti, Natrielle e Guimarães (2007) investigaram suportes da mídia impressa buscando analisar como esta era apresentada. Para tal, analisaram gráficos veiculados pela mídia impressa considerando três tipos de suporte: um jornal diário, uma revista semanal e uma revista mensal.

As autoras observaram que as revistas apresentaram gráficos em praticamente todos os seus exemplares e, por vezes, vários gráficos em uma mesma reportagem. O gráfico em barras foi utilizado em 51% dos gráficos analisados, seguido por setores (21%), linha (16%) e pictórico (11%). Assim, uma representação em gráficos está de fato sendo utilizada pela mídia impressa. Entretanto, o Indicador de Alfabetismo Funcional (Inaf), que revela os níveis de alfabetismo da população adulta brasileira, mostrou que apenas 23% dessa população foi capaz de compreender informações representadas em gráficos (Fonseca, 2004).

Entre outros resultados do estudo de Cavalcanti, Natrielli e Guimarães (2007), chamou-nos a atenção aqueles referentes ao uso da escala. Foi encontrado que apenas 6% dos gráficos apresentavam escala explícita, sendo nos demais apresentados os valores nas próprias barras. Se de um lado colocar o valor acima das barras facilita a leitura dos dados, de outro encobre distorções referentes à proporcionalidade entre os mesmos, levando a interpretações tendenciosas.

Cavalcanti, Natrielli e Guimarães (2007) resolveram medir as barras a fim de verificar a precisão das escalas nos gráficos apresentados na mídia impressa e constataram que 39% das mesmas apresentavam erro de proporcionalidade. Esse percentual parece muito alto, principalmente diante da alta tecnologia utilizada na arte gráfica. Essa ausência de escala pode estar relacionada aos interesses diretamente vinculados à intenção de quem estrutura a matéria, podendo enfatizar, mascarar ou omitir determinados aspectos da notícia, como afirma Monteiro (2006).

Assim, fica posta a grande necessidade de que seja enfatizada a compreensão das escalas na formação de nossos alunos, para que os mesmos possam, de fato, olhar de forma crítica as informações que são veiculadas.

Um exemplo de atividade que pode ser proposta é solicitar aos alunos que realizem a medição das barras, como fizeram as pesquisadoras citadas, ou que se proponham atividades que levem os alunos a refletir sobre as escalas como na situação proposta a seguir:

- Os dois gráficos abaixo estão corretamente traçados e indicam as mesmas informações. Como podem estar ambos corretos?
- Qual gráfico Pedro provavelmente optaria para sua campanha? E Gabriel? Por quê?

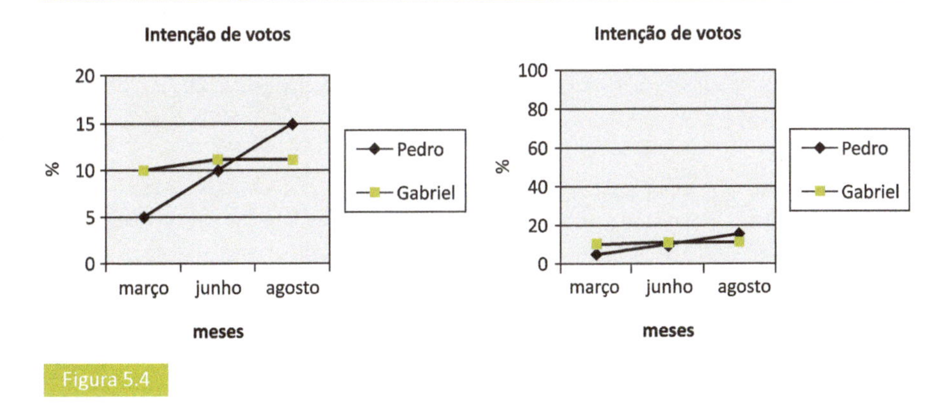

Figura 5.4

Nessa atividade, percebe-se como a escala pode ser fundamental para se apresentar os dados. A escala de 5 em 5 utilizada no exemplo a esquerda, com certeza, será a opção de Pedro para mostrar que a intenção de votos para ele vem crescendo bastante e a diferença com Gabriel é grande. Já Gabriel optará pelo exemplo da direita, pois o gráfico demonstra que ambos estão praticamente empatados.

Um outro aspecto que precisa ser trabalhado em relação a escalas foi levantado por Guimarães, Gitirana e Roazzi (2001), quando realizaram uma pesquisa com alunos de 4º ano. Eles observaram dificuldades dos alunos em lidar com escalas quando o valor solicitado não estava explícito e, assim, precisavam inferir o valor. Vejamos a situação:

- O gráfico de barras abaixo mostra a quantidade de pessoas assaltadas por mês em alguns estados brasileiros:

  a) Qual a quantidade de assaltos no Maranhão?
  b) Qual a quantidade de assaltos no Rio Grande do Sul?

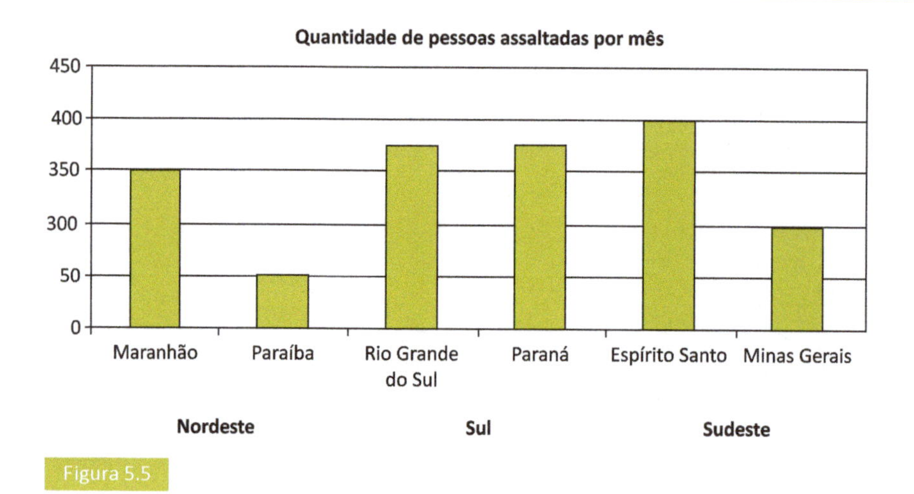

Figura 5.5

Para responder a questão *a*, os alunos não apresentaram dificuldades, entretanto, para responder a questão *b*, vários tiveram dificuldades. Para responder a questão *b*, o aluno precisa observar que a escala era de 20 em 20 e que a barra que representa o RS acaba próximo da metade do intervalo entre 60 e 80. Alguns alunos davam como resposta 65, por exemplo. Esse tipo de resposta nos mostra que eles identificaram a barra, localizaram a altura na escala, mas não sabiam interpretar quanto valia o intervalo.

Da mesma forma, quando esses pesquisadores disponibilizaram uma malha quadriculada que possibilitava estabelecer uma correspondência – um quadrado para cada frequência – os alunos se saiam bem, mas quando essa relação não era possível eles apresentavam muitas dificuldades. Esses autores afirmam que a dificuldade está na compreensão dos valores contínuos apresentados na escala, na qual é necessário que os alunos estabeleçam a proporcionalidade entre os pontos explicitados na escala adotada.

Nos exemplos a seguir, podemos ver que quando solicitado a construir um gráfico no qual era possível uma escala unitária (Figura 5.6), o aluno acerta. Entretanto, quando essa relação não era possível (Figura 5.7), ele continua na mesma lógica, pintando um quadrado para cada valor até esgotar a quantidade total, sem se preocupar em criar uma nova unidade de correspondência.

Abaixo você encontra uma lista de pessoas e sua banda de forró preferida.

Qual é a banda preferida desse grupo? Calango aceso

Nome	Banda Preferida
ROSE	Mastruz com Leite
LUCIANA	Mel com Terra
MANOEL	Calango Aceso
ROBSON	Mastruz com Leite
RAUL	Calango Aceso
PATRICIA	Mastruz com Leite
IZABELA	Mastruz com Leite
CRISTINA	Calango Aceso
REGINA	Calango Aceso
MARCOS	Mel com Terra
BRUNO	Mel com Terra
DIOGO	Mel com Terra
ALAN	Calango Aceso
MALBA	Calango Aceso
MIRTA	Mastruz com Leite

Construa um gráfico de barras que ajude as pessoas a verem qual é a banda preferida dessas pessoas:

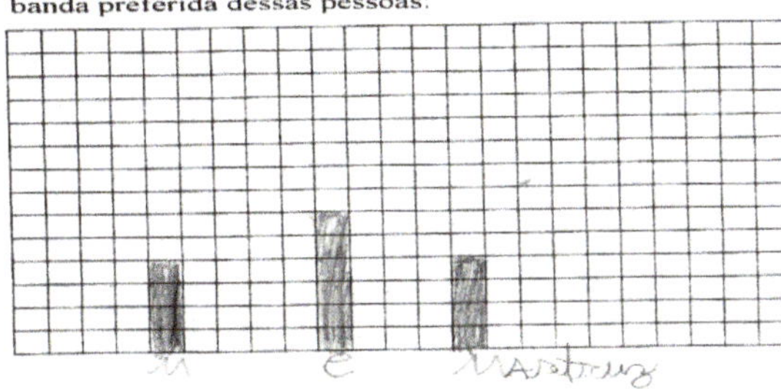

Figura 5.6

As tabelas abaixo mostram a altura de bebes durante 3 meses:

Mês	Bebes	
	Manu	Carol
Abril	47	46
Maio	55	60
Junho	59	63

Qual o bebe que cresceu mais nesses 3 meses? Carol

Construa um gráfico de barras que ajude as pessoas a verem qual bebe cresceu mais nesses 3 meses.

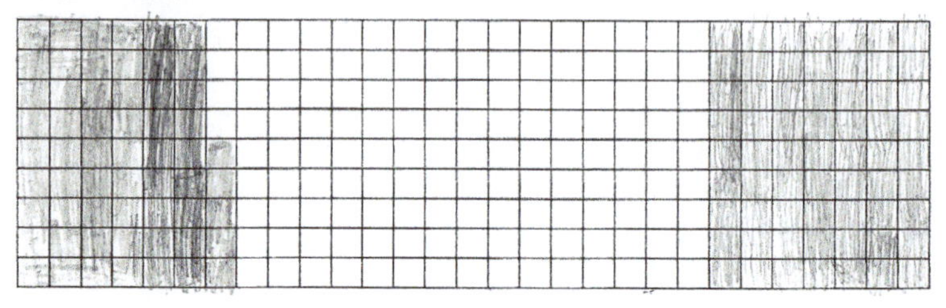

Figura 5.7

Porém, alguns alunos buscaram estabelecer uma escala e outros conseguiram realizá-la corretamente, como nos exemplos a seguir (Figuras 5.8 e 5.9). Tais resultados nos alertam para a possibilidade de um trabalho sistemático sobre escala com alunos dos anos iniciais.

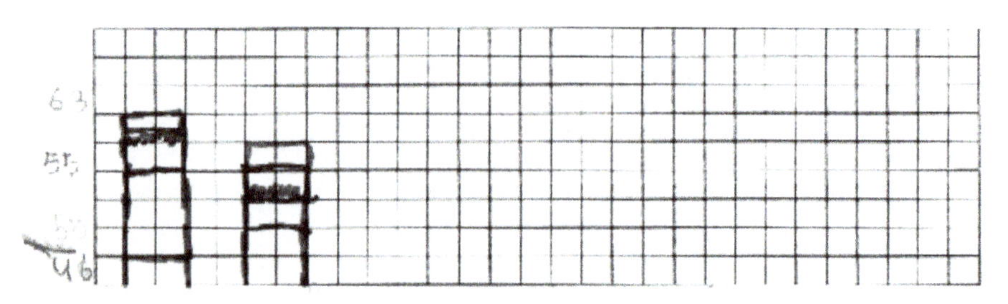

Figura 5.8

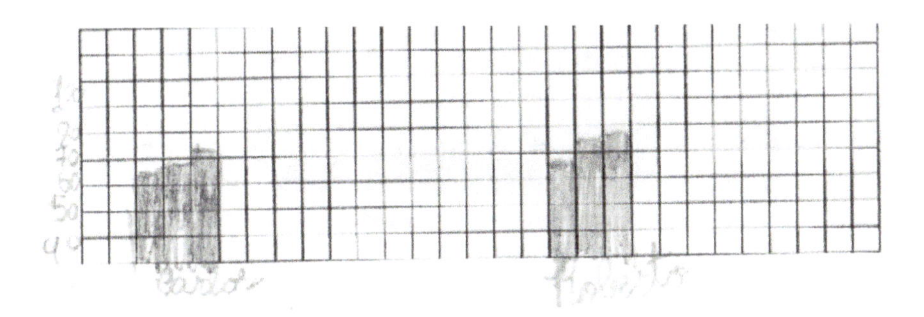

Figura 5.9

Nessa mesma linha, Souza, Barbosa e Guimarães (2006) propuseram um processo de ensino-aprendizagem envolvendo interpretação de gráficos de barra a partir de sequências didáticas realizadas com duas turmas de 3º ano do ensino fundamental, em duas escolas da rede municipal do Recife. Elas observaram que os alunos, diante do gráfico abaixo, apresentaram dificuldades em responder as questões que envolviam uma análise variacional.

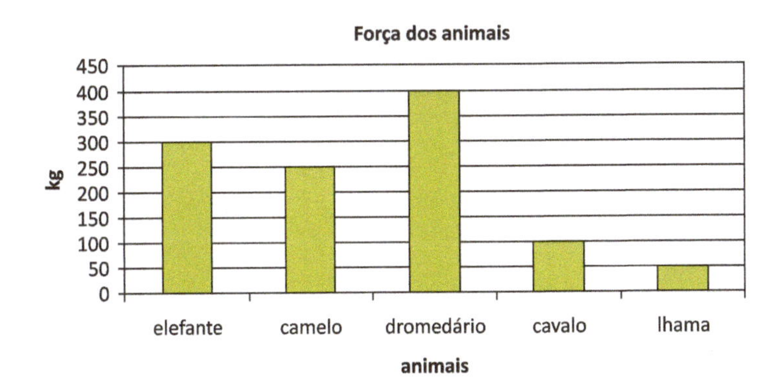

a) O dromedário consegue puxar quantos quilos a mais que o camelo?
b) Quantas lhamas são necessárias para puxar a mesma quantidade de quilos que um cavalo?
c) Qual a diferença entre a quantidade de quilos carregados pelo dromedário e pela lhama?

Resolveram, então, construir com os alunos um gráfico em barras em que cada aluno colocava uma caixa de fósforo na etiqueta correspondente a sua resposta. Depois, começaram a interpretar o mesmo com questões sobre a diferença entre as barras. Um aluno levantou-se e começou a contar quantas caixas haviam a mais entre as barras que estavam sendo questionadas. Os alunos logo entenderam o que estava sendo solicitado e ainda disseram que a atividade que haviam feito no dia anterior estava errada e que queriam respondê-la novamente. Assim, apenas uma intervenção foi suficiente para que compreendessem o que estava sendo solicitado e passassem a realizar análises variacionais.

Esse exemplo também nos mostra que os alunos passaram a interpretar de forma correta quando tiveram que construir um gráfico. Dessa forma, o trabalho de interpretação e construção de gráficos e tabelas deve ser desenvolvido conjuntamente.

Afinal, se esse tipo de representação é para evidenciar os dados e realizar interpretações e inferências, precisamos optar por qual delas será melhor em função de nossos objetivos. O ensino da estatística representa um instrumento norteador para o desenvolvimento do indivíduo, devendo primar por uma ótica transformadora e configurar-se em um recurso indispensável à cidadania.

Conscientes da necessidade eminente de se efetivar a construção do conhecimento estatístico tanto por adultos como por crianças, é de suma importância que o professor tenha domínio e clareza sobre este e sobre como tais conteúdos devem ser ensinados gradualmente no decorrer da escolaridade.

Referências

BRASIL, Secretaria de Educação Básica. *Programa Nacional do Livro didático. Séries iniciais do Ensino Fundamental – Matemática*. Brasília: MEC/FNDE, 2004.

BRASIL, Secretaria de Educação Fundamental. *Educação de Jovens e Adultos*: proposta curricular para o 1º segmento do ensino fundamental. São Paulo: Ação Educativa; Brasília: MEC, 1997.

BRASIL, Secretaria de Educação Fundamental. *Parâmetros Curriculares Nacionais:* Matemática, Ensino de 1ª a 4ª série. Brasília: MEC/ SEF, 1996.

CAVALCANTI, M.; NATRIELLI, K.R.; GUIMARÃES, G. *Gráficos na mídia impressa*. Trabalho de conclusão do Curso de Pedagogia da UFPE, Recife, 2007. CD rom.

FONSECA, M. C. F. R.(org). *Letramento no Brasil*: Habilidades Matemáticas. São Paulo: Global Editora, 2004.

GUIMARÃES, G.; GITIRANA, V.; CAVALCANTI, M.; MARQUES, M. Atividades que exploram gráficos e tabelas em livros didáticos de matemática nas séries iniciais. *Anais do III Seminário Internacional de Pesquisa em Educação Matemática* – SIPEM, Águas de Lindóia, 2006.

GUIMARÃES, G; GITIRANA, V; MARQUES, M.; CAVALCANTI, M. Abordagens didáticas no ensino de representações gráficas. *Anais do IX Encontro Nacional de Educação Matemática (ENEM),* Belo Horizonte, 2007.

GUIMARÃES, G; ROAZZI, A; GITIRANA, V. *Interpretando e construindo gráficos de barras.* Tese de Doutorado em Psicologia Cognitiva da Universidade Federal de Pernambuco. Recife, 2002.

GUIMARÃES, G. L.; GITIRANA, V. ; ROAZZI, A. Interpretação e construção de gráficos. *Anais do Encontro da Associação Nacional de Pós-Graduação e Pesquisa em Educação* – ANPED, GT 19 – Educação Matemática, Caxambu, 2001.

GUIMARÃES, G.; GOMES FERREIRA, V.G.; ROAZZI, A. Categorização e representação de dados na 3ª série do ensino fundamental. *Anais da 23º Reunião Anual da ANPED- GT19*, Caxambu-MG, 2000.

MONTEIRO, C.E. Estudantes de Pedagogia refletindo sobre gráficos da mídia impressa. *Anais do Seminário Internacional de Pesquisa em Educação Matemática - SIPEMAT*, Recife, 2006.

SOUZA, D.A.; BARBOSA, R.H.; GUIMARÃES, G. Uma proposta de sequências didáticas sobre interpretação de gráficos em turmas de 3ª série. *Cadernos de trabalho de conclusão do curso de Pedagogia*, v.1, 2006. ISSN 1980-9298.

VERGNAUD, G. *L'enfant, la mathématique et la realité*. Berna, Suiça: Editions Peter Lang S.A., 1985.

Inclusão e educação matemática

Regina Andréa Fernandes Bonfim

6

Este capítulo visa apresentar algumas reflexões de uma professora de sala de recursos sobre o ensino da matemática para alunos com necessidades educacionais especiais, diante da proposta de inclusão, a partir de uma pesquisa de mestrado.[1]

O trabalho relata uma experiência desenvolvida em uma sala de recursos, na qual foi colocado em experimentação o procedimento de intervenção psicopedagógica proposto por Fávero (2002, 2003), visando a aquisição conceitual na área específica do conhecimento matemático, seguindo um trabalho sistematizado de articulação entre intervenção e pesquisa.

A sala de recursos é um dos programas disponibilizados pelo atendimento educacional especializado, que tem como objetivo complementar e/ou suplementar a formação dos alunos especiais com vistas à autonomia e independência na escola e fora dela. (MEC, Brasília, 2008). Vale ressaltar que neste capítulo

---

[1] Dissertação de Mestrado na Faculdade de Psicologia da Universidade de Brasília/DF, sob a orientação da Profa. Dra. Maria Helena Fávero, com o título: *Aquisição de conceitos numéricos na sala de recursos*: relato de uma pesquisa de intervenção (2005).

utilizaremos o termo Aluno com Necessidades Educacionais Especiais (ANEE), segundo descrição no Relatório ou Informe Warnock de 1978 (1981).

Vimos, pela nossa própria prática, que os ANEEs apresentam grandes dificuldades na estruturação do Sistema de Numeração Decimal, pois lidam com a matemática por meio de regras que, de acordo com Fávero e Soares (2002), só têm significado em relação ao contexto e a negociação escolar. De acordo com as autoras, esta prática não contribui para a construção de competências matemáticas, uma vez que o sujeito não compreende a lógica do sistema numérico e da sua notação.

Seguindo esse raciocínio, isto é, que a escola lida com regras no ensino da matemática em detrimento do conceito, podemos dizer que, quando se trata de um ensino voltado para alunos com necessidades educacionais especiais (ANEE), ela esconde o conhecimento matemático por meio de treinos e construção de habilidades. Os alunos especiais acabam por reproduzir regras sem compreender o significado e o raciocínio envolvidos em situações-problema. Esse procedimento não contribui para a construção de competências matemáticas, uma vez que o sujeito não compreende a lógica do sistema numérico e da sua notação.

Um exemplo claro é quando diante de uma situação-problema o aluno opera valores que aparecem no enunciado e na ordem que aparecem, pois não consegue traduzir a representação da situação proposta pelo problema em notação matemática. Os ANEE têm dificuldades no reconhecimento da notação convencional, como também em perceber essa notação como forma de registrar situações que podem ser quantificadas. Isso pode ser porque os alunos resolvem problemas com base em regras aplicadas aos cálculos das operações, sem demonstrar conhecer a lógica do sistema numérico e sua notação (Bonfim, 2005).

As dificuldades, tanto na sala de ensino regular como na sala de recursos, são explicadas pelas ditas incapacidades, de acordo com um raciocínio circular de causalidade – como já apontado, por exemplo, para o caso da surdez (Cader e Fávero, 2000; Fávero e Pimenta, 2002, 2006) ou da Síndrome de Down (Fávero e Vieira, 2004) – que impede que se evidenciem as particularidades do funcionamento cognitivo, linguístico, representacional e socioemocional desses alunos, e o que essas particularidades representam do ponto de vista do desenvolvimento de novas competências (Hodapp e Zigler, 1995).

Podemos acreditar que a escola ao mediar a aquisição do sistema numérico, baseia-se em certas regras de operação, adotando procedimentos do tipo: "fazendo assim dá certo, sem, no entanto, fazer referência ao significado da notação" (Fávero e Soares, 2002, p. 48).

Outra dificuldade que verificamos com os alunos especiais é que estes, quando se encontram em uma situação de comparação entre dois conjuntos, não percebem o todo maior como a reunião de dois subconjuntos, ou seja, não fazem a relação entre a parte e o todo.

Nunes (1997) também descreveu em suas pesquisas que os erros apresentados por sujeitos na resolução de situações-problema são baseados em regras que derivam de procedimentos padronizados de resolução ditados pelo meio escolar.

Schiliemann, Carraher e Carraher (1988) ressaltam que a grande dificuldade da escola tem sido associar a matemática do jeito como o pensamento é conduzido e estruturado. Entretanto, se o pensamento codifica, decodifica e organiza as percepções humanas, ele também é capaz de transformar as informações recebidas por meio de um constante processo de representações. Segundo Cordeiro e Dias (1995, citado por Pimenta, 2003), dependendo das construções cognitivas e dessas representações, o pensamento fornece ao sujeito um ilimitado campo de ação que se desvincula da ação sensoriomotora e da pura percepção.

Portanto, se entendermos que a escola deve levar em consideração as questões do desenvolvimento cognitivo do sujeito, sem deixar de lado o seu papel como instituição social de modo a criar um ambiente fomentador e gerenciador do conteúdo culturalmente organizado e um espaço privilegiado de negociações, então, a sala de aula regular, assim como a sala de recursos, deve ter um papel particular nesse processo, tendo como mediador principal o professor.

Compatível com essa perspectiva, Fávero (2003) tem proposto uma mudança de foco, defendendo um trabalho sistematizado de articulação entre intervenção psicopedagógica e pesquisa, que permite ao mesmo tempo o estudo das aquisições conceituais do sujeito – considerando-se a filiação entre competências e dificuldades (Vergnaud, 1993) – e a análise dos processos mediacionais ocorridos na interação interpessoal, considerando o tipo de material utilizado e a natureza das atividades propostas. Para tanto, segundo Fávero (2003), essa proposta requer três tarefas distintas e articuladas:

> 1) avaliação das competências do sujeito e de suas dificuldades; 2) sistematização de cada uma das sessões de trabalho, em termos de objetivos e descrição das atividades propostas; 3) análise minuciosa do desenvolvimento das atividades para cada sessão, evidenciando: a) a sequência de ações do sujeito; b) o significado dessas ações em relação às suas aquisições conceituais; e c) o tipo de mediação estabelecida entre o adulto e o sujeito. (Fávero, 2004; VII EPECO, em CD-ROM)

Portanto, articulando a proposta de Fávero (2002, 2003) com a proposta de Vergnaud (1993), a intervenção privilegiou a proposta de situações-problema, tanto na avaliação das competências numéricas dos sujeitos como na intervenção. A proposta de situações-problema a partir das quais fosse possível estabelecer a relação entre o conhecimento numérico cotidiano dos sujeitos e a sua formalização. Optando, então, por situações que envolviam medidas relacionadas ao cotidiano.

A pesquisa

Participaram oito sujeitos, quatro do sexo feminino e quatro do sexo masculino, entre 14 e 19 anos, que cursavam o 5º ano do ensino fundamental de uma escola pública do Distrito Federal e que tinham diagnóstico de deficiência mental, segundo avaliação da Equipe de Apoio à Aprendizagem da Secretaria de Estado de Educação – SEDF. O estudo se desenvolveu no cotidiano da sala de recursos de uma escola inclusiva da rede de ensino público do Distrito Federal.

Foram constituídos 2 grupos: um experimental e um controle, ambos com 4 sujeitos, sendo 2 de cada sexo. Depois de iniciado o estudo, um dos meninos do grupo controle parou de frequentar a escola, deixando também de participar da pesquisa.

O estudo se desenvolveu por meio de três etapas registradas em áudio, transcritas e analisadas: 1ª avaliação individual das competências e dificuldades matemáticas; 2ª intervenção psicopedagógica em grupo, com 11 sessões variando entre 40 e 55 minutos; e 3ª avaliação individual pós-intervenção psicopedagógica. O grupo controle participou apenas da 1ª e da 3ª etapas.

Avaliação das competências e dificuldades matemáticas

Para a primeira fase de avaliação individual das competências e dificuldades matemáticas, utilizamos duas provas apresentadas individualmente a cada um dos oito sujeitos. A Prova Conceitual de Resolução de Problemas Numéricos – ECPN (Groupe CIMETE, 1995) e a Prova de Sequência Numérica, além de uma prova em grupo, a Prova de Medidas.

A Prova Conceitual de Resolução de Problemas Numéricos – ECPN foi proposta por pesquisadores franceses que constituíam o Groupe CIMETE, do qual faziam parte, entre outros, Vergnaud, Brousseau e Meljac. Destina-se a sujeitos afetados por dificuldades de aprendizagem no domínio da matemática, procurando explorar a conceituação de número, fornecendo, ao mesmo tempo, indicações sobre como um sujeito constitui e utiliza as suas propriedades particulares. Trata-se de um instrumento no qual pequenas quantidades estão em jogo e o recurso à escrita, assim como o apelo explícito à memorização dos fatos numéricos, são evitados, sendo que a aplicação exige no máximo 40 minutos. Utiliza-se 40 fichas da mesma cor, três figuras de bichos (no nosso caso, cavalo-**cav**, coruja-**cor** e dinossauro-**d**) e uma caixa reserva.

A Prova de Sequência Numérica foi desenvolvida em três situações distintas: uma com blocos lógicos[2], uma segunda com numerais emborrachados[3] e uma terceira com apresentação de uma situação-problema escrita. Na primeira situação, o sujeito foi convidado a explorar as características dos blocos lógicos de Diennes, visando sua utilização como critérios de ordenação. Em seguida, cinco sequências foram propostas, uma a uma ao sujeito, em ordem de dificuldade, segundo o número de critérios (cor, espessura, tamanho e forma), solicitando que lhe fosse dada continuidade. Na segunda situação, o mesmo procedimento foi repetido com os números emborrachados. Na terceira situação, apresentamos em folha digitada o seguinte problema: *Você viu nas Casas Bahia um Micro System no modelo que você há muito tempo tem sonhado em ter e em uma promoção ótima de desconto, por apenas R$ 364,50. Porém, essa promoção só vai durar 15 dias. Você recebe um salário de R$ 600,00 por mês. Então resolve economizar da seguinte maneira: 1º dia – RS 1,00; 2º dia – R$ 2,00; 3º dia – R$ 3,00; 4º dia – R$ 5,00; 5º dia – R$ 8,00; 6º dia – R$ 13,00. E assim por diante. Se você economizar um pouco cada dia, quantos dias você precisará economizar para ter o dinheiro suficiente para comprar o Micro System*? Essa situação foi lida e explicada pela experimentadora aos sujeitos.

A questão do problema se referia ao tempo e não à quantia. O sujeito, para ter êxito na tarefa, deveria encontrar a lei de formação da sequência, o que implica em ter o conceito de número e as relações do sistema decimal, incluindo as quatro operações.

[2] Caixa composta por quatro figuras geométricas: triângulo, retângulo, quadrado e círculo, coloridos, com tamanhos, cores, formas e espessuras variadas.

[3] Numerais de 0 a 9 feitos em EVA.

A Prova de Medidas constava de duas situações, uma envolvendo medida de comprimento e outra, medida de massa. Utilizamos a comparação entre todas e/ou duas medidas e a identificação do "n a mais". Esta foi a única prova desenvolvida em grupo.

Para fazer jus à proposta de Fávero (2003), os dados de cada uma das fases de avaliação foram apresentados na sequência em que foram desenvolvidos, com sua análise e discussão, uma vez que cada uma delas fundamentou a fase seguinte. Porém, aqui, trarei uma discussão geral de todos os resultados.

Resultado e discussão da avaliação das competências matemáticas

Os resultados nos permitiram concluir que os dois grupos, experimental e controle, eram equivalentes no que diz respeito às competências e dificuldades numéricas.

Na prova ECPN (Groupe CIMETE, 1995), todos os sujeitos utilizaram da estimativa visual para comparar as coleções e identificar qual tinha mais elementos. Em uma das questões, ("mais que" a partir de estados iniciais diferentes – de um conjunto – e a partir de estados iniciais iguais) os sujeitos tomaram a expressão "n mais" como o aumento da quantidade, não estabelecendo a situação de comparação entre os conjuntos. Eles não perceberam o todo maior como a reunião de sois subconjuntos, não estabelecendo a situação de comparação.

Esse item apresenta exemplos de diferentes relações que o número assume, ou de medida estática ou de relação estática. Ou seja, quando o sujeito utiliza a contagem para representar a quantidade de elementos de um conjunto, o número está assumindo a representação de uma medida estática, que não sofre variação. A relação estática aparece quando existem duas medidas estáticas e uma relação entre elas.

Nesse tipo de situação-problema, não fica claro para o sujeito qual a operação que ele deveria fazer. Para que ele perceba as medidas estáticas e as medidas de transformação, ele precisa equalizar o problema, isto é, quantos elementos X precisa ter para ficar com a mesma quantidade de Y.

Na prova de Sequência Numérica, os sujeitos demonstraram não ter a ideia de sequência, nem para objetos concretos, nem para o sistema de numeração decimal. Já na situação-problema, os sujeitos demonstraram saber da existência de diferentes operações e como usar a notação delas, porém não a resolveram e tampouco apresentaram uma resposta. O que vimos foi que os sujeitos operaram com os valores presentes no enunciado e na ordem que apareceram, também acrescentaram números que não existiam no enunciado, isso demonstra o "treino" para as competências matemáticas.

Os sujeitos não traduzem a representação da situação proposta pelo problema em notação matemática, ou seja, apresentaram dificuldades no reconhecimento da notação convencional, como também em perceber essa notação como forma de registrar situações que podem ser quantificadas.

Na prova de medidas, os sujeitos identificaram a parte inteira, porém não identificaram os decimais (centímetros e gramas) e, apesar de compararem as medidas duas a duas, não identificaram o "n mais".

Os sujeitos resolveram situações-problema com base em regras aplicadas aos cálculos das operações sem demonstrar conhecer a lógica do sistema numérico, sua notação e o conceito das operações.

Com os dados obtidos na fase de avaliação das competências e dificuldades matemáticas, concluímos que os sujeitos apresentavam dificuldades na lógica do sistema de numeração decimal e na sua notação. Também precisavam, a partir de suas ações, construir esquemas que lhes possibilitassem usar a lógica do sistema numérico e sua notação, pois eles construíam esquemas diferentes para tentar dar uma resposta.

A intervenção psicopedagógica

O procedimento adotado na intervenção foi o descrito por Fávero e Soares (2002), que defendem a mediação da reconstrução individual dos instrumentos culturais da aprendizagem e do pensamento por meio da reestruturação das experiências pessoais. Então, a intervenção privilegiou a proposta de situações-problema (situações que levem o sujeito a refletir sobre possíveis soluções, elaboração de hipóteses, para encontrar uma solução), baseado em Vergnaud (1993) e Fávero (2002, 2003), que defendem a interação entre conceito cotidiano e conceito científico. As situações envolviam medidas de comprimento, de tempo e valor monetário, sempre relacionadas ao cotidiano e com a utilização de instrumentos como a régua, o relógio, o calendário, as réplicas de notas de dinheiro e moedas, que serviram como instrumentos mediadores para a elaboração dos registros escritos. A experimentadora tutorava os sujeitos na checagem desses registros em relação aos princípios da lógica de notação do sistema numérico, pois assim, "[...] esperava-se que o sujeito tomasse consciência dos princípios da lógica de notação numérica, assim como das eventuais diferenças entre esses princípios e a notação por eles produzida" (Fávero e Soares, 2002, p.46).

Foram 11 sessões de intervenção, descritas em termos dos objetivos e das atividades propostas, registradas em áudio, transcritas na íntegra e avaliadas em termos das competências e dificuldades de cada sujeito, especificando as sequências de suas ações, o significado em relação às aquisições de estruturas conceituais e o tipo de mediação estabelecida no grupo entre o adulto experimentador e os sujeitos do grupo experimental.

É importante lembrar que a sequência das sessões foi definida à medida que a análise de cada uma fornecia dados para o planejamento da seguinte.

A primeira sessão foi pautada em conversa informal, com a proposição de uma situação-problema relacionada à economia de dinheiro para a compra de um objeto escolhido do folheto de supermercado. A sessão teve o seguinte procedimento:

1) **Conversa com os sujeitos sobre: mesada, trabalho e eventual salário.**
2) **Apresentação do folheto e da proposta de escolha de objeto a ser hipoteticamente comprado.**
3) **Levantamento de hipótese, para os que não têm ganho, de qual seria o valor que gostariam de receber mensalmente.**
4) **Questões discutidas: O valor que recebem em um mês é o suficiente para comprar o que escolheram ou seria necessário guardar dinheiro por algum tempo? Se fosse necessário guardar dinheiro, por quanto tempo vocês deveriam economizar? O economizado seria o suficiente ou sobraria algum dinheiro?**

Os sujeitos não utilizaram nenhum tipo de registro gráfico, apenas a verbalização e os apontamentos de contagem (mãos).

VEm – Eu queria comprar uma fazenda...
VEm – ...um celular
QEf – Ah... eu não sei. A vontade que eu tenho, ah.... sei lá ... hum.... uma câmera digital.
AEf – Hum...... um Astra.
AEf – Uma câmera.... (risos)
JEm – Hum..... tenho muito dinheiro...
(JEm balança a cabeça em sinal negativo, E insiste novamente e QEf diz que ele tem tudo. E insiste novamente em algo que JEm queira comprar se fosse a um shopping.*)*
JEm – Hum..... roupa.

VEm – Olha essa bicicleta aqui... 480....
VEm – Quase 499...
VEm – 490...
AEf – Já escolhi o meu, um *notebook*. 334 reais e 36 centavos.
VEm – É barato... à prazo é mais caro que à vista.
VEm – Porque você vai pagar mais....
E questiona porque se pagaria mais.
VEm – Porque você vai pagar 12 vezes, mais caro.
VEm – Ahhhhh??!!
VEm – Não sei...
VEm – Entendi...
VEm – É isso aqui...., uma tela de projeção, custa 19.990 reais.
VEm – Mas é excelente. Eu tô doidinho pra quando tiver uma casa colocar uma dessa.
QEf – Eu não sei.... não quero comprar nada.....eu tava querendo esses dois (aponta para o folheto mostrando um rádio e um DVD). Dá pra comprar os dois direitinho... Tá bom... vou escolher o som. Ele custa à vista 233,77 reais.
QEf – À vista não, em juros. À vista custa 1.399 reais.
AEf – Um rádio...é o que toca Transamérica e FM, ele custa 129 reais.
JEm – Uma roupa....uma calça jeans, custa 30 reais.
JEm – 24 reais e 90 centavos.
VEm – Eu quero mudar, escolhi um som, custa 699 reais.
***QEf** – 12 meses. Para comprar um som desse, ele tinha que juntar 50 reais.....*
VEm – 50 reais mais 50 reais dá 200.
QEf – 100, seu b...
JEm – Dá 100...
VEm – não, 100 mais 100
VEm – de 700.
VEm – 70 meses.
VEm – não.... 7 meses.
(E utiliza a contagem nos dedos contando de 50 em 50 para que VEm conclua quantos meses ele precisaria juntar para comprar o rádio).
VEm – 14 meses.
VEm – menos....
VEm – mais.
VEm – 1 ano e 7 meses.
VEm – 12.

VEm – 2 meses.
QEf – Quantos meses? Não tenho nem ideia.
QEf – Hum.... deixa eu ver.... hum.... 1.500.
VEm – vai dar uns 20 meses.... (todos os outros sujeitos ficam em silêncio).
QEf – Não, preciso juntar mais 1 mês. Hum.... 4 meses.
AEf – 10 meses.
AEf – Não. 3 meses.
JEm – Dá para comprar em 1 mês.
E – Um mês só, que bom, e sobra algum dinheiro? Quanto?
JEm – Sobra, 30 reais

A análise da sequência de interlocuções indica a tomada de consciência dos sujeitos em relação aos valores em questão, uma vez que modificaram a escolha do objeto a ser comprado, de modo a diminuir, gradativamente, o valor a ser gasto na suposta compra e torná-lo viável com a mesada. Percebemos também que os sujeitos apresentaram dificuldades com a lógica do sistema numérico, como, por exemplo, quando VEm hipotetiza um valor e ignora a medida de valor que está em questão (reais) e estima um valor em meses. Outro exemplo é quando os sujeitos não comparam 1 ano a 12 meses.

Da segunda à quarta sessão, insistimos na situação-problema anterior, porém mais elaborada – *Você viu em um folheto de supermercado um produto que gostaria de comprar. Você recebe uma mesada de R$ 50,00 (R$380,00[4]). Se decidir não gastar nada da sua mesada, quanto tempo você precisaria para comprar o produto que você gostou?* – mas dessa vez solicitamos o registro matemático das operações com sistema monetário.

Verificamos que os sujeitos armaram as operações de adição respeitando as ordens dos numerais, também operaram de cima para baixo e da direita para a esquerda, demonstrando conhecerem as regras impostas no sistema escolar. Nenhum dos sujeitos utilizou a operação de multiplicação e apenas dois dos quatro sujeitos utilizaram a vírgula para separar a parte inteira da parte decimal, registrando duas casas decimais. Não obtiveram totais corretos, mesmo que tenham utilizados vários esquemas para tentar solucionar a situação-problema. Apenas um conseguiu resolver a situação-problema. O sujeito VEm faz contagem de 50 em 50, registra todas as contagens, mesmo que depois ele as rabisque

[4] Um dos sujeitos trabalhava e recebia salário.

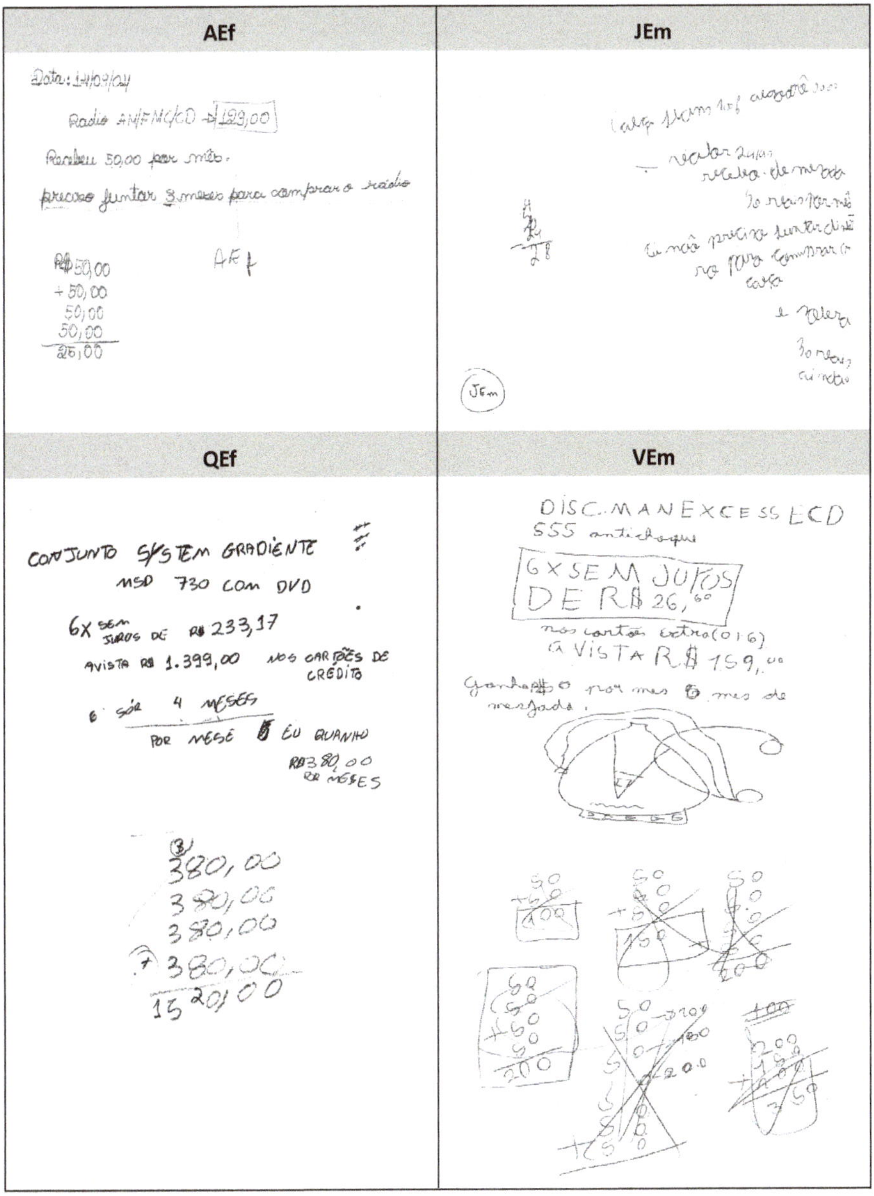

AEf	JEm
Data: 14/09/04 Radio AM/FM/CD → 199,00 Recebeu 50,00 por mês. preciso juntar 3 meses para comprar o rádio R$ 50,00 + 50,00 50,00 50,00 = 200,00 AEf	28 JEm

QEf	VEm
CONJUNTO SYSTEM GRADIENTE MSD 730 COM DVD 6X SEM JUROS DE R$ 233,17 AVISTA R$ 1.399,00 NOS CARTÕES DE CRÉDITO E SÓ 4 MESES POR MESE EU GUARDO R$ 380,00 ... MESES 380,00 380,00 380,00 380,00 1520,00	DISC MAN EXCESS CD 555 antichoque 6X SEM JUROS DE R$ 26,60 nos cartões extra (016) A VISTA R$ 159,00 Ganho R$ 50 por mes ... mes de mesada. 50 + 50 = 100 50 50 + 50 = 150 50 50 50 50 = 200

Figura 6.1

Registros matemáticos dos alunos.

Excertos da Dissertação de Mestrado na Faculdade de Psicologia da Universidade de Brasília/DF, sob a orientação da Profa. Dra. Maria Helena Fávero, com o título: *Aquisição de conceitos numéricos na sala de recursos*: relato de uma pesquisa de intervenção (2005), p. 100 e 101.

como se estivessem erradas, porém não encontra a solução da situação-problema proposta.

Por exemplo, na notação do sujeito JEm, podemos levantar a hipótese de que ele, ao fazer a operação, corta o número 5 e escreve o número 4 como se estivesse retirando uma dezena e transformando-a em unidades; porém, ao subtrair, ele parece somar os números 4 e repete o número 2, obtendo então como resultado da subtração, 28.

Segundo Vergnaud (2003), o conceito de esquema designa a atividade organizada que o sujeito desenvolve em face de certa classe de situações. O autor define esquema como:

> **[...] uma totalidade dinâmica funcional, uma organização invariante da conduta, quanto a certa classe de situações. Essa organização comporta objetivos e esperas, regras de ação, tomada de informação e de controle, e é estruturada por invariantes operatórios, isto é, conhecimentos adequados para selecionar a informação e processá-la (conceitos-em-ato e teoremas-em-ato). As possibilidades de inferência em situação também são parte integrante do esquema, pois sempre há uma certa adaptação do comportamento às variáveis da situação; isso exclui a ideia de que possa haver comportamentos totalmente automáticos. (Vergnaud 2003, p. 66)**

Para Vergnaud, a maioria dos conhecimentos são competências, e a análise dos esquemas revela que eles não consistem somente em maneiras de agir, mas também em conceitualizações implícitas. "Se os conhecimentos modificam, é antes de tudo porque a criança enfrenta situações cada vez mais complexas." (Vergnaud, 2003, p.67)

Diante dos resultados, elaboramos a quinta sessão com o objetivo de mediar a interação dos sujeitos com os instrumentos de medida monetária, sua unidade e partes, utilizando para isso réplicas de notas e moedas. Primeiro foi distribuído para cada sujeito R$ 15,00 (sem que eles soubessem o total recebido, sendo uma nota de R$ 5,00; duas notas de R$ 2,00; duas notas de R$ 1,00; três moedas de R$ 0,50; cinco moedas de R$ 0,25; sete moedas de R$ 0,10; nove moedas de R$ 0,05; e dez moedas de R$ 0,01. Em seguida, cada sujeito tinha de fazer a contagem do dinheiro e descobrir o valor recebido (notas e moedas). Usando um panfleto de supermercado, cada sujeito escolheu uma combinação de lanche para levar à escola, registrando o total do valor em uma folha; então, foi feita a leitura do registrado no papel e a sua correspondência em notas e moedas.

Comparou-se o valor inicial (R$ 15,00) e o valor do lanche. Por fim, a diferença após a compra do lanche. Assim, todos tinham a mesma quantia antes de comprar o lanche e no final cada um poderia ter um valor diferente.

A análise dessa sessão nos permitiu verificar a dificuldade que os sujeitos têm em lidar com a parte decimal. Apenas dois dos quatro sujeitos contam corretamente os valores das moedas, embora um deles ignore as de menor valor (R$ 0, 01 e R$ 0,05). Um deles junta as moedas de mesmo valor e o outro (o que ignora as moedas de menor valor) separa em grupos de R$ 1,00. Um dos sujeitos solicitou um papel para registrar suas operações – somou as moedas por valores iguais e depois somou os totais. Embora eles tenham elaborados esquemas para a resolução da situação-problema, não obtiveram corretamente o valor total da soma. Os outros dois sujeitos anunciaram valores aleatórios, sem efetuarem a contagem. Ou seja, separaram as moedas, mas anunciaram valores sem se apoiarem na verificação dos mesmos. Todos adotam a solução de um dos sujeitos (agrupar as moedas em grupos de R$ 1,00), porém apresentaram dificuldades em agrupar utilizando moedas de valores menores e diferentes (p. ex., uma moeda de R$ 0,25, cinco moedas de R$ 0,10, três moedas de R$ 0,05 e dez moedas de R$ 0,01, uma vez que, diferentemente das de R$ 1,00, não representam valores unitários, mas sim grupos, o que requer competências na contagem de valores, o que é mais complexo que a quantificação um a um). Apenas um dos sujeitos agrupa de diferentes formas, verbalizando que era o "mais inteligente", o que pode ser decorrente da sua experiência com a venda de galões de água na sua quadra residencial. Um dos sujeitos insiste em entregar o valor sem contar a parte decimal, assim como não quer utilizar as notas e moedas, apenas o papel. Ao final da sessão, todos chegaram ao valor correto do lanche, mesmo com a mediação da experimentadora e de um dos sujeitos.

Depois da quinta sessão, levantamos a hipótese de que além da questão decimal, o material utilizado para a representação e manipulação das moedas[5] pouco se parecia com as moedas reais. Assim, para verificar se não estava ocorrendo um problema de representação relacionado ao material utilizado, a sessão foi repetida com moedas reais. O resultado foi que os sujeitos continuavam apresentando dificuldades em contar a parte decimal, reafirmando o que já havia sido observado. Devemos lembrar que as operações com centavos têm duas

[5] Moedas de papel: fotocopiadas, plastificadas e cortadas.

implicações diretas: os valores são maiores do que quando se opera com os reais inteiros, bem como a noção de que 100 centavos formam 1 real.

A sétima sessão teve como objetivo o registro da notação matemática proposta na quinta sessão. Para auxiliá-los na verificação das operações, foi disponibilizado o material concreto (réplica das notas e as moedas verdadeiras). Notamos que os sujeitos parecem ter o domínio sobre a representação gráfica das operações (armam as contas corretamente), mas demonstram, ao mesmo tempo, dificuldades em realizar as operações. Os sujeitos apresentam resistência em utilizar o material concreto, só o utilizam com muita insistência da experimentadora. Um dos sujeitos realiza a operação de forma correta e pede para auxiliar o outro sujeito que apresenta mais dificuldades. O interessante nesse momento é que o sujeito mediador reproduz a regra matemática para o outro sem explicar o porquê da operação *("vai um, emprestou um para o zero, ficou dez, tira um fica nove")*, parecendo um "treino". Percebemos que, embora apenas um sujeito resolva a situação proposta de forma correta, há mais acertos do que erros pelos outros sujeitos.

Na oitava sessão, continuamos com a situação-problema anterior, porém acrescentamos à situação a medida de tempo. Discutimos com os sujeitos questões do tipo: *"Quantos dias vocês vêm para a escola durante a semana? Que dia acaba o ano letivo? Quantos dias de aula temos até acabar o ano letivo? Há algum feriado? Se contarmos em semanas, quantas semanas faltam para terminarmos o ano letivo?".* Em seguida, apresentamos a situação-problema: *"Se vocês resolvessem comprar esse mesmo lanche (em referência a quinta sessão) todos os dias até o término das aulas, quanto gastariam?* Depois os sujeitos discutiam a melhor forma de resolver a situação proposta e, em seguida, faziam o registro da notação matemática que representava o seu raciocínio. Todos tiveram um calendário de mesa para dispor os meses um a um.

O grupo encontrou a mesma quantidade de dias (18 dias), mas havia valores monetários variáveis, referentes aos lanches escolhidos por cada um. Embora tivessem o calendário para auxiliá-los no raciocínio, apresentaram dificuldades em concluir que a contagem dos dias de escola desconsiderava o final de semana e os feriados. Todos insistiram em utilizar apenas a adição, só com a mediação da experimentadora é que tentaram utilizar a multiplicação. Dois aspectos podem ser destacados: 1º) um dos sujeitos apresentou não só argumentos para a sua resposta frente à situação-problema, como também justificou, demonstrando a sua resposta; 2º) outro sujeito tomou consciência do seu erro verbalizando para o grupo, além de utilizar uma expressão do senso comum para expressar essa dificuldade (*Ah... matemática, meu Deus!).*

Como os sujeitos apresentam uma dificuldade persistente na notação dos valores decimais, continuamos a insistir com isso, propondo, então, a nona sessão, que consistia em três tipos de atividades envolvendo valores monetários e seu registro. Era anunciado um valor fictício da compra de um produto, em seguida os sujeitos eram instigados a separar o valor utilizando a réplica do dinheiro, comparando entre eles se haviam separado corretamente o valor. Em seguida, eles registravam o valor em reais, em uma folha de papel, utilizando a notação matemática.

QUADRO 6.1
ATIVIDADE COM VALORES MONETÁRIOS

QUESTÕES	RESPOSTA DO SUJEITO
E: Agora eu fui ali na banquinha e resolvi comprar um picolé. Um chicabom para mim, vocês gostam?	JEm: Hmmmm... VEm: Quê? Dois reais, você heim? JEm: Nossa, um e vinte.
E: E ele custa R$1,20.	JEm: Eu acho que é 10 centavos mais 10 centavos.
E: Então! Peguem aí pra mim o dinheiro de um real e vinte centavos.	JEm: Zero vírgula um e vinte.
E: Um real e vinte centavos.	JEm: Tá errado, VEm.
E: Muito bem, JEm, separou certo. VEm também. AEf também separou certo.	VEm: Um real em nota e vinte centavos. VEm: Duas moedas de 50 e 4 moedas de 5 centavos.
E: Agora escreve aí para mim um real e vinte centavos usando R$.	VEm: Dá. AEf: Dá, dá...
E: Vamos ver se está errado? Primeiro ele separou o quê? VEm, fala pra gente o que você fez.	JEm: Um real. JEm: Um e vinte. VEm: Não, tá errado.
E: Aqui dá um e vinte também?	AEf: Não, tem uma virgulazinha no meio.
E: Dá JEm? Olha aqui ó: 50 centavos mais 50 dá quanto	AEf: R e o S, aí você coloca dois pauzinhos. AEf: Um. VEm: Um AEf: Vírgula vinte.
E: Um real. 5, 10, 15, 20. Quatro moedas? E: Um e vinte, só que ele separou só em moeda, não foi? Muito bem.	VEm: Vírgula. Pera aí, JEm, isso aí não é vírgula não, ta parecendo com um "U". JEm: Aqui é uma vírgula sim.
E: Agora olha só: do jeito que o JEm escreveu tá certo? R$ 0,120? Isso é um real e vinte centavos?	VEm: Uma vírgula menor que eu falei, criatura. Oxi. VEm: Um real.
E: Como é que escreve? Fala aí pra ele.	AEf: Um real.
E: Mas você pode fazer uma vírgula menor, não pode?	JEm: Qual é? JEm: Um real.

Continua

QUADRO 6.1 (continuação)
ATIVIDADE COM VALORES MONETÁRIOS

QUESTÕES	RESPOSTA DO SUJEITO
E: Você não pode fazer uma vírgula menor? Então tenta escrever de novo com uma vírgula pequena.	VEm: Que? Quanto? AEf: Fala sério. VEm: Quanto?
E: Agora deixa eu perguntar pra vocês: desse um real que vocês fizeram e os vinte centavos que vocês colocaram, qual é a parte inteira do dinheiro?	VEm: 45? JEm: 5 centavos mais 1, 6 centavos, mais 25... VEm: Ai caramba... AEf: Ai meu Deus...
E: Então olha só a Iolete foi à farmácia e precisou comprar acetona pra limpar o esmalte da unha dela e a acetona que ela comprou era muito cara. Ela custou R$3,45	JEm: 10... JEm: 20... JEm: 30, 40... AEf: Ó: 1, 2, 3, 4. AEf: Quatro!
E: 45 centavos.	AEf: De cinco centavos.
E: Três reais. E quanto que tem aqui em moeda?	AEf: 10. AEf: 15.
E: Quanto? Fala alto!	AEf: 20.
E: Quatro o quê? Quatro moedas de quanto?	JEm: 3 reais.
E: Então, 5+5 dá quanto?	JEm: 10, 20, 30, 40, 45.
E: Mais 5?	JEm: Daí eu tinha que fazer assim.
E: Mais 5?	JEm: Eu mesmo tinha percebido o erro.
E: E isso é 45 centavos? Tá faltando quanto aqui? Eu quero 45 centavos.	JEm: Tinha colocado 3, 25, falei não, vou colocar 40 depois vou colocar 5 centavos.
E: Fez JEm? JEm botou quanto? Quanto que tem em nota aqui?	VEm: Seis moedinhas de 50 centavos, quatro moedinhas de 10 centavos e cinco moedas de 1 centavo.
E: E aí, vamos lá. De moeda?	
E: Muito bem, JEm. Agora escreve aqui pra mim: R$3,45.	AEf: 24+3? AEf: 27.
E: Que bom! E você tinha errado aonde?	JEm: Olha só, você põe...
E: Quanto que você fez aí, VEm? Você botou os três reais em moedas, não foi?	JEm: Põe 10 moedas de 40. JEm: Ou... 10, 20, 30, 40.
E: Muito bem, VEm.	JEm: Quatro moedas de 10 centavos, aí você coloca cinco centavos.
E: Conta AEf, quanto tem aqui? Você colocou mais quanto? Mais três centavos. Se você tinha 24 centavos, mais três dá quanto?	AEf: (Risos) AEf: 10, 20, 30, 40. JEm: Cinco centavos.
E: 27. Eu quero 45. Vamos fazer o seguinte. Vamos colocar todas as moedas aqui dentro e pega 45 centavos pra mim. Que nem você pegou os 75, pega só os 45 centavos.	VEm: Oito moedas de cinco e cinco de um. *(Todos os sujeitos representaram o valor R$ 3,45 utilizando corretamente a notação matemática).*

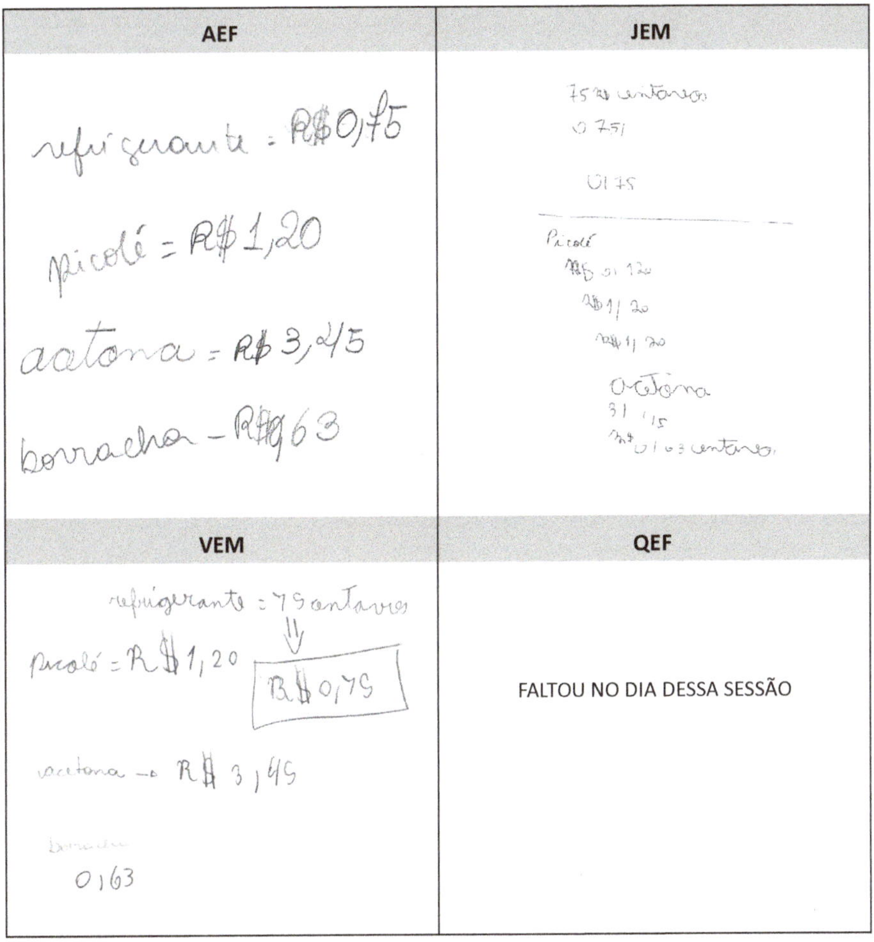

AEF	JEM
refigerante = R$0,75 picolé = R$1,20 aatona = R$ 3,45 borracha - R$ 63	75 centavos 0 75 0,75 picolé R$ 01 120 R$1,20 R$1,20 acetona 3,45 R$ 0,63 centavos
VEM	**QEF**
refrigerante = 75 centavos ⇓ R$ 0,75 picolé = R$ 1,20 acetona → R$ 3,45 borracha 0,63	FALTOU NO DIA DESSA SESSÃO

Figura 6.2

Anotações dos alunos.

Excertos da Dissertação de Mestrado na Faculdade de Psicologia da Universidade de Brasília/DF, sob a orientação da Profa. Dra. Maria Helena Fávero, com o título: *Aquisição de conceitos numéricos na sala de recursos*: relato de uma pesquisa de intervenção (2005), p. 137-139 e 141-142.

Essa sessão foi bem interessante, pois com a mediação da experimentadora, os sujeitos identificam a parte inteira da parte decimal, demonstrando terem adquirido, a cada sessão, uma maior compreensão com relação à lógica do sistema numérico decimal e sua notação, mesmo que ainda um dos sujeitos tenha apresentado maior dificuldade nas representações (ele teve a mediação dos outros sujeitos do grupo, não sendo necessário a intervenção da experimentadora). Gradativamente, o processo de mediação e de interlocução entre os sujeitos tem resultado em tomadas de consciência por parte deles, o que os auxilia no processo de regulação cognitiva. Ou seja, as dificuldades apresentadas pelos sujeitos podem ser superadas pela mediação. Dessa forma, podemos adiantar que a utilização de medidas (monetária e outras) é um procedimento adequado para desenvolver a compreensão da lógica do sistema numérico decimal e sua notação.

Na sessão seguinte – a décima, foi proposto que os sujeitos medissem três lápis de tamanhos diferentes e quatro livros, também de tamanhos diferentes e numerados. Após medirem os objetos, os sujeitos compararam as medidas encontradas e fizeram o registro da notação matemática.

QUADRO 6.2

ATIVIDADE COM MEDIDAS DE COMPRIMENTO

E: Então, olha só, eu vou dar um lápis pra cada um. Cada um vai pegar esse lápis e a régua que tem e vai medir o tamanho desse lápis.
E: VEm, quase 17 é quanto?
E: Se é quase chegando no 12, QEf, então é 11 quanto?
E: Conta quantos passam do 11. Quantos tracinhos passam do 11.
E: Só um tracinho que passa do onze?
E: Como é que é?
E: Você tem que começar no zero, QEf.
E: Então passou do 11 quantos tracinhos?
E: É. Conta quantos tracinhos passou.
E: Quantos cm seu lápis mediu, AEf
E: Quantos cm tem a sua régua?
E: Seu lápis é maior do que a régua?
E: Então não é 35 cm.
E: Então, QEf, se passou 7 tracinhos... 11 centímetros e quanto?
E: Muito bem!
E:. Muito bem. E o seu, JEm?

VEm: Quase 17.
VEm: 16 e meio.
JEm: 15 e meio.
QEf: O meu tá aqui, quase chegando no 12.
QEf: 12 e meio. É... Eu acho que nem deu 12 o meu. Deu, deixa eu ver...
QEf: Um.
QEf: Que... Que... Até chegar o 12.
QEf: Tipo assim ó: eu medi daqui...*(aponta para 1 cm na régua)*
QEf: Então, do 0 até aqui.
QEf: 11 cm.
QEf: Ah, quantos tracinhos?
JEm: Eu não sei medir. *(VEm se propõe a ajudar JEm)*
AEf: 35 cm.
AEf: 30...
AEf: Não, não é, não.
QEf: 11 cm e 7 mm.
JEm: 11 cm.
JEm: O VEm me ajudou.
VEm: Ta medido aí, oxi!

Continua

QUADRO 6.2 (continuação)

ATIVIDADE COM MEDIDAS DE COMPRIMENTO

E: Você mediu certinho aí? E: Está certo, VEm? Certinho? 11 certinho? O dele deu 11 certinho? E: Mas deu os 15 cm inteiros, AEf? E: Ah... Olha aqui. No zero... Olha aqui, do 15 cm passou quantos traços? E: Dois traços. Se passou 2 traços. Olha só. A medida do lápis da AEf é 15 cm e passou 2 traços. Então qual é a medida do lápis da AEf? E: A AEf escreveu 0,15... que é isso aqui? E: Um "c" de que? E: Mas como é que a gente representa cm? E: Cm... E o que é esse 2? E: Ué e cadê a unidade? Você colocou 0,15 cm? E como é que a gente escreve 15 cm e 2 mm?	AEf: Deu 15 cm. AEf: É que eu não sei contar direito. AEf: Dois. QEf: 15cm e 2mm. AEf: Um "c". AEf: De centímetro. JEm: C e m. AEf: Milímetros. QEf: 15cm e 2mm VEm: 15,02cm. *(AEf escreveu 0,15c 2, depois corrige e escreve corretamente): 15,02cm*
E: Vamos fazer de novo? Outro, pra ver se agora...vocês medem direito. *(A experimentadora entrega outro lápis para cada sujeito.)* E: Sobrou não. Faltou aqui pra chegar no 16, não é AEf? Então vamos lá. Olha só. Você tem 15 cm, não tem? Então qual é a parte inteira aqui? Qual é a parte inteira? É o? Qual é a parte inteira? Não é o 0, 1, 2... Então qual é a parte inteira aqui do lápis? E: 15 cm. Quantos tracinhos passou do 15? Conta aí quantos. E: 6 tracinhos, não é? Então qual é a medida do seu lápis? E: 16 certinho?	VEm: 6 cm certinho. JEm: A medida do meu deu 8. QEf: 17 cm. QEf: Certinho. VEm: Dá 6 e alguma coisa. VEm: 6 cm e 3 mm. AEf: Deu 16 cm e sobrou 2. AEf: 16... AEf: 1, 2, 3, 4, 5, 6. AEf: 15 cm e 6 mm. JEm: O meu é 16 cm QEf: O meu deu 11 cm e 4 mm.
E: Deixa eu te perguntar uma coisa, VEm. Você escreveu 6 cm e 3 mm, que você falou. Assim é 3 ou é 30? E: Então pra ser 3, como é que você vai...	VEm: 30. VEm: É o 6 aí tem o 0 e depois o 3.
E: É, o último, tá? Meçam esse aqui. E: 11 cm e um o quê?	VEm: 11,1. VEm: 11 cm.

Continua

QUADRO 6.2 (continuação)
ATIVIDADE COM MEDIDAS DE COMPRIMENTO

E: Não, conta aqui. Do 11 até esse traço quantos tem?	VEm: Milímetros.
E: Mais o traço grande?	VEm: 11 cm.
E: Então é 11 cm e?	VEm: 4.
E: Você tem que pôr aqui no zero. Certinho. Pronto. No zero. Agora até aonde vai aqui no número? Vamos lá. Até que número vai?	VEm: 5.
E: Mas passa, não passa? Passa quantos tracinhos? É isso o que você vai contar aqui. Quantos tracinhos? Ó, vem até aqui.	VEm: 5 mm.
E: Então qual é a medida desse lápis?	JEm: O meu 3... Meio centímetros.
E: 5 não. Qual é a medida desse lápis? Qual é a parte inteira?	VEm: Eu já te expliquei 10 vezes já. É a terceira vez que eu vou te explicar esse negócio. Você não contou. Que jeito que a gente mede o lápis?
E: Mais quanto?	JEm: Do zero.
E: Então como é que você fala que é a medida desse lápis?	VEm: Do zero. Mas não é contando. Não é assim que a gente mede o lápis? Não é assim? No zero... No tracinho do zero...
E: Ah... Então qual é a parte inteira dessas medidas aí dos lápis? É o cm ou é o mm?	JEm: 16.
E: E qual é o parte do centímetro?	JEm: 1, 2, 3, 4, 5.
E: Isso mesmo. Ele é um pedaço do cm. Entenderam? E a vírgula ela serve pra quê?	JEm: 5.
	JEm: 16.
	JEm: Mais 5.
	JEm: 16 cm e 5 mm.
	VEm: Centímetro.
	AEf: Centímetro.
	QEf: Centímetro.
	JEm: Centímetro.
	VEm: Milímetro.
	AEf: mm.
	QEf: mm.
	JEm: mm.
	VEm: Pra...
	QEf: Pra separar o cm... É... A parte inteira da parte pequena.

Mais uma vez verificamos o quanto a mediação e o uso de instrumentos culturalmente construídos favorecem a construção de conhecimento. Nessa sessão, os sujeitos identificaram o milímetro como sendo uma parte do centímetro, separando por vírgula a parte inteira da decimal, além de explicarem a utilização da vírgula. (*"Pra separar o cm... É... A parte inteira da parte pequena."*)

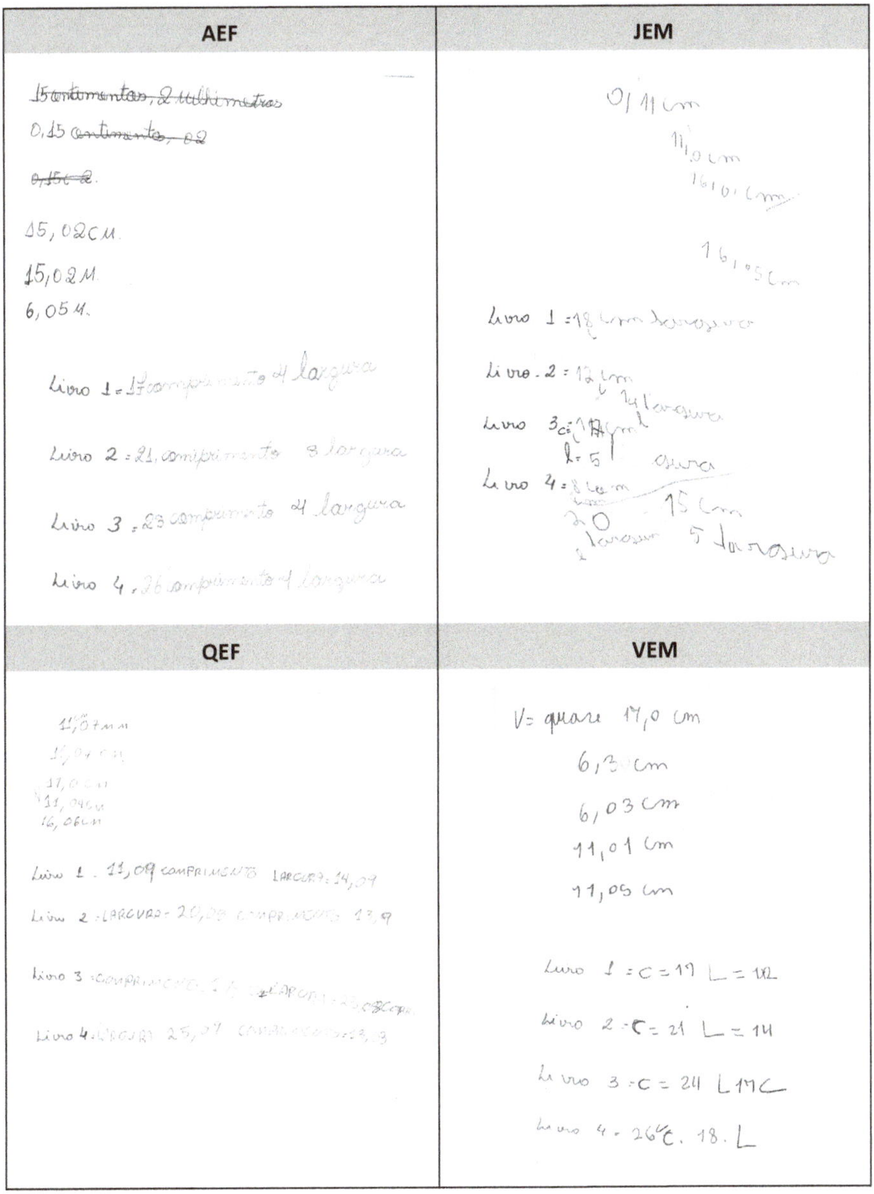

<table>
<tr><th>AEF</th><th>JEM</th></tr>
<tr><td>~~15 centímetros, 2 milímetros~~
0,15 ~~centímetros, 02~~
~~0,15c 2~~.
15,02CM.
15,02M.
6,05M.
Livro 1 = 17 comprimento 4 largura
Livro 2 = 21, comprimento 8 largura
Livro 3 = 23 comprimento 4 largura
Livro 4 = 26 comprimento 4 largura</td><td>0,11 cm
11,0 cm
16,0 cm
16,05 cm
Livro 1 = 18 cm largura
Livro 2 = 12 cm 14 largura
Livro 3 c = 17 cm l = 5 largura
Livro 4 = 8 cm 15 cm
20 largura 5 largura</td></tr>
<tr><th>QEF</th><th>VEM</th></tr>
<tr><td>11,07mm
16,07 cm
17,0 cm
11,04cm
16,06cm
Livro 1 . 11,09 COMPRIMENTO LARGURA = 14,09
Livro 2 = LARGURA = 20,08 COMPRIMENTO 13,9
Livro 3 = COMPRIMENTO [illegible] LARGURA = 23,08
Livro 4 = LARGURA 25,07 COMPRIMENTO = 13,03</td><td>V = quase 17,0 cm
6,3 cm
6,03 cm
11,01 cm
11,05 cm
Livro 1 = C = 17 L = 12
Livro 2 = C = 21 L = 14
Livro 3 = C = 24 L 17 C
Livro 4 = 26 C. 18. L</td></tr>
</table>

Figura 6.3

Anotações dos alunos.

Excertos da Dissertação de Mestrado na Faculdade de Psicologia, da Universidade de Brasília/DF, sob a orientação da Profa. Dra. Maria Helena Fávero, com o título: *Aquisição de conceitos numéricos na sala de recursos*: relato de uma pesquisa de intervenção (2005), p. 145-147 e 150-151.

Também se mostraram mais à vontade na utilização do instrumento de medida, na identificação da medida e no seu registro. Novamente, a mediação da experimentadora dá lugar à mediação entre os sujeitos, em especial um deles, que a cada sessão vai reformulando os seus conceitos e desenvolvendo cada vez mais o seu raciocínio lógico.

É interessante notar que ao registrarem os valores encontrados, os sujeitos falam *"onze centímetros e nove milímetros"*, e escrevem assim: *11,9 cm*, o que evidencia a compreensão que eles tiveram. Ao final dessa sessão, o sujeito que apresentou mais dificuldade e que foi mediado por outro sujeito, ao encontrar a resposta correta, vibra e faz questão de mostrá-la a todos. De um modo geral, os sujeitos apresentaram menos dificuldades na identificação do inteiro e dos decimais, assim como de seus registros.

Na última sessão de intervenção (11ª sessão), propomos o trabalho utilizando um relógio como instrumento de medida de tempo, iniciando pela exploração de sua representação no próprio instrumento, começando pela representação da metade do dia, 12 horas; pela marcação das horas, dos minutos, dos segundos, da função dos dois ponteiros e assim por diante. Várias questões foram colocadas para discussão, do tipo: *"Qual o horário começa a aula de vocês? Qual o horário termina? Quanto tempo vocês permanecem na escola?"* entre outras questões, incentivando os sujeitos a responderem oralmente e manipulando o relógio.

Nessa sessão, os sujeitos demonstraram ter a noção de que o relógio é um instrumento de medida de tempo, identificaram as horas como parte do dia e os minutos como parte das horas. Eles identificam a função de cada um dos ponteiros do relógio, mas não operam com as medidas de tempo, de acordo com a representação do mostrador do relógio, tampouco o fato de que este equivale a 12 horas e que portanto, para 24 horas é necessário entender a representação do mostrador vezes dois. Os sujeitos têm dificuldade em compreender a equivalência, por exemplo, do número 3 com 15 minutos, eles identificam que quando o ponteiro pequeno está no 3 está marcando as horas, e quando o ponteiro maior está no 3 está marcado 15 minutos. Só compreendem após os questionamentos feitos pela experimentadora para que eles construíssem o conceito dessa equivalência.

Então, procuramos privilegiar sempre o procedimento baseado em situações-problema relacionadas ao cotidiano dos sujeitos e envolvendo unidades de medidas e suas partes, dando ênfase para a notação matemática das referidas operações.

Avaliação pós-intervenção

Essa fase foi desenvolvida em duas etapas, e tinha como objetivo comprovar algumas das hipóteses estabelecidas durante as intervenções. As etapas foram: 1ª – Prova Conceitual de Resolução de Problemas Numéricos – ECPN (Groupe CIMETE, 1995); 2ª – Resolução de situações-problema envolvendo medidas de comprimento, tempo e monetária. Nessa etapa, cada sujeito resolvia a situação-problema individualmente e em uma folha. Foram as situações-problema: *1º) Ganhei uma caixa de lápis de cor com 6 lápis. Cada lápis mede 6,34 cm e todos têm o mesmo tamanho. Se eu colocar os lápis um atrás do outro em linha reta, qual será o tamanho dessa linha? 2º) Minha mãe me deu R$ 10,00 para eu ir à padaria e comprar um pacote de café que custava R$ 3,95, um pacote de açúcar que custava R$ 1,40 e um pacote de manteiga que custava R$ 3,37. Com quanto de troco eu voltei para casa? 3º) Neste final de semana, você vai ao cinema assistir ao filme dos robôs. A sessão começa às 15h e 15 min e termina às 17h e 30 min. Se é a sua mãe quem vai te buscar, ela precisa saber quanto tempo dura a sessão de cinema para não se atrasar.* Também disponibilizamos em cima da mesa uma caixa contendo réguas, réplicas de dinheiro (notas e moedas), relógio emborrachado e unidades do material dourado (peças que representam as unidades). Na avaliação pós-intervenção, não houve a intervenção da experimentadora e todos os alunos, tanto do grupo experimental como grupo controle, participaram dessa fase.

Os resultados da avaliação pós-intervenção evidenciaram a diferença entre os dois grupos da pesquisa, o experimental e o controle. O grupo experimental respondeu à Prova Conceitual de Resolução de Problemas Numéricos – ECPN (Groupe CIMETE, 1995) de forma correta, sem vacilar em nenhuma questão, apresentando inclusive mais de um procedimento para resolver algumas das questões, além de explicar cada um dos procedimentos. Como, por exemplo, nos itens que envolviam uma situação de comparação. Os sujeitos ou transformavam para problemas de equalização e igualavam os conjuntos ou utilizavam as operações de adição e subtração, não necessitando contar novamente o conjunto para operar com as quantidades e continuando a ação de contar a partir da representação mental do conjunto, segundo um procedimento que Vergnaud (1990) chamou de *teorema-em-ato*.

A dificuldade dessas tarefas estava na associação da situação entre os objetos e a operação a ser utilizada, uma vez que se tratava novamente de uma situação de comparação envolvendo medidas estáticas e relação estática. A princípio, a relação estática era percebida como uma medida estática, o que dificultava a resposta correta à tarefa. Os sujeitos, mediante a manipulação concreta dos elementos do conjunto, formavam subconjuntos com base fixa, sendo que um deles representou uma medida de transformação, o que novamente levava a equalização dos conjuntos. Assim como no trabalho de Fávero e Pimenta (2006), em um estudo com jovens surdos, os sujeitos não só obtinham a resposta correta, como também demonstravam terem desenvolvido os conceitos de adição e subtração associados à ideia de unir ou separar conjuntos, assim como a compreensão de igualdade relacionada à correspondência termo a termo e também à associação de operações às situações propostas. É importante salientar que o conceito de número, bem como o domínio da contagem convencional, é a base das operações de adição, subtração, multiplicação e divisão. Portanto, esses resultados indicaram que os sujeitos desenvolveram a base para tais operações, havendo indícios de que na tarefa de transformação negativa da ECPN (Groupe CIMETE, 1995), eles representaram mentalmente os elementos e a operação aritmética envolvida na situação-problema. Segundo Hitch e colaboradores (1983), tal procedimento indica que existe uma manipulação mental das representações visuoespaciais por meio de uma atividade motora interna.

O mesmo não pode ser afirmado para os sujeitos do grupo controle. Os resultados indicaram que todos os sujeitos utilizaram de estimativa visual para comparar as coleções. Também continuaram a associar o comando "n mais" ao aumento da quantidade. Pelos resultados obtidos nessa prova, podemos adiantar que não houve mudanças no que se refere à aquisição de conceitos matemáticos por parte dos sujeitos do grupo controle: eles continuaram a apresentar dificuldades nas mesmas tarefas.

No que se refere às 3 situações-problema propostas para essa fase, demonstram que todos os sujeitos do grupo experimental registraram as operações adequadamente, o que difere do início da intervenção, quando o procedimento padrão era o de repetir os algarismos na ordem em que apareciam no enunciado da situação-problema. Interessante é comparar os dois grupos, o experimental e o controle. No caso do último, este mantém o procedimento de repetir os algarismos na ordem em que aparecem, além de não considerar o valor posicional do número.

Discussão geral

Podemos afirmar que a natureza das atividades propostas e a qualidade da mediação semiótica desenvolvida na sala de recursos durante as sessões de intervenção trouxeram implicações diretas para a aquisição do conhecimento numérico dos sujeitos da pesquisa e, consequentemente, para o seu próprio desenvolvimento. É importante ressaltar que essa intervenção centrada em situações-problema estabelece a interação entre conceito cotidiano e conceito científico, desde que ela se contextualize no mundo cotidiano. Nesse sentido, a escolha de situações-problema envolvendo medidas e a utilização de diferentes instrumentos de medição, mostraram-se realmente efetivos para o estabelecimento da interação entre o sujeito, os instrumentos de medida construídos culturalmente com suas representações particulares das diferentes unidades de medida e a notação das operações envolvendo essas diferentes unidades de medida.

Portanto, o progresso dos sujeitos do grupo experimental, no que diz respeito às competências relacionadas à lógica do sistema numérico, deve-se à pertinência da articulação entre o uso de instrumentos de medida, a representação da sequência numérica dos próprios instrumentos, a possibilidade de operar com essa sequência e, finalmente, a notação dessa operação, levando em conta os processos de agrupamento e de decomposição dos valores numéricos, a relação entre a parte e o todo, que operacionalizam o sistema de numeração decimal.

Essa articulação se faz efetiva na medida em que a intervenção psicopedagógica se fundamenta na mediação que considera a tríade sujeito-conhecimento-outro (Fávero, 2005).

Outro ponto importante a salientar é a interação que ocorre entre os sujeitos do grupo experimental, no sentido de mediar o conhecimento que estavam construindo, fazendo com que eles passassem a se sentir "capazes de". No decorrer das sessões, o papel da experimentadora enquanto mediadora do processo, ficou mais escasso, uma vez que os próprios sujeitos começaram a assumir essa mediação. Verificamos então que há uma reconstrução individual dos instrumentos culturais de aprendizagem e do pensamento a partir da reestruturação das experiências pessoais, que é o que Büchel (1995, citado por Fávero, 2005) denomina "educação cognitiva". Essa autora também afirma que dessa forma, espera-se que o sujeito tome consciência dos princípios da lógica do sistema numérico decimal.

Essa tomada de consciência pode ser entendida também como um processo de desenvolvimentos metacognitivos[6]. Assim, esse processo se torna coerente

---

[6] Podemos dizer que desenvolvimento metacognitivo, segundo um artigo elaborado por Ribeiro(2003, p.110), que o faz baseado em vários autores, como Flavell (1979, 1981), Bronw (1978), Flavell e Wellman (1977), Valente, Salema, Morais e Cruz (1989) entre outros, fala de duas formas de entendimento da metacognição: conhecimento sobre o conhecimento (tomada de consciência dos processos e das competências necessárias para a realização da tarefa) e controle ou autorregulação (capacidade para avaliar a execução da tarefa e fazer correções quando necessário – controle da atividade cognitiva, da responsabilidade dos processos executivos centrais que avaliam e orientam as operações cognitivas).

com tudo o que já foi discutido até agora e se articula, como afirma Fávero (citada por Bonfim, 2005, p. 195): "tanto com a noção de esquema e de campo conceitual, proposto por Vergnaud, como com a noção de zona de desenvolvimento proximal, proposto por Vygotsky".

A escolha de situações-problema envolvendo medidas e a utilização de diferentes instrumentos de medição implica em dizer que os sistemas de medidas nos permitem fazer comparações de objetos no tempo e a distância com uma precisão que ultrapassa as nossas habilidades perceptuais. O fato de medir com régua, com algum instrumento de medida, ou com o sistema numérico decimal, envolve dois componentes diferentes e separáveis: o primeiro é a inferência lógica, denominada de inferência transitiva, e o outro é uma compreensão de unidades. Assim, de acordo com Nunes e Bryant, "a fim de permitir inferências transitivas, as unidades de medidas têm que ser uma quantidade constante" (1997, citado por Bonfim, 2005, p.197). Para esses dois autores, as unidades de medida permitem ir além das inferências transitivas.

Segundo Nunes e Bryant (1997, p.99):

> **[...] as atividades de medida são importantes para expandir a compreensão das crianças de número. Se contar é um caso especial de medida no qual as unidades são dadas desde o início, parece sensato expandir as experiências das crianças com número fazendo-as trabalhar com sistemas de medidas. Isso claramente não é uma tarefa simples, e as crianças não dominam unidades de medida apenas reconhecendo-as sobre uma régua, por exemplo, e sabendo como elas são chamadas. Elas precisam ser envolvidas em atividades nas quais sua simplicidade aparente é destruída. Sugerimos que as crianças tendem a beneficiar-se da necessidade de medir em circunstâncias incomuns, como usando uma régua quebrada ou usando réguas que são curtas demais para os seus propósitos, de modo que elas têm um problema de medida para resolver e precisam fazer mais do que ler o valor na régua.**

No decorrer dessa pesquisa, percebemos que no contexto escolar existe a concepção de que a matemática está relacionada a questões de habilidades numéricas e operacionais por meio de regras, em detrimento da lógica estrutural que as compõe. Também fica evidente que a postura que o professor adota em sala de aula é compatível com essa concepção cultural, e não só com essa, mas também compatível com as representações que eles têm sobre o ensino da matemática em geral (Fávero, 1994) e sobre sujeitos com necessidades educacionais especiais.

Ou seja, não basta pensarmos na cultura apenas como um agrupamento de indivíduos que compartilham as mesmas características e particularidades. Antes de tudo, é preciso ter em mente a noção de cultura como mediação semiótica, envolvendo o sistema psicológico individual e o universo social dos sujeitos participantes (Valsiner, 2000).

A noção de mediação semiótica proposta por Valsiner está relacionada à construção social dos significados, das tradições, das ideias e dos valores de um grupo, à história dos padrões de participação e interação social estabelecidos e ao desenvolvimento das categorias de pensamento e dos recursos de expressão utilizados por um grupo de seres humanos, reconhecidos como uma cultura.

Segundo Valsiner, a cultura é o elemento de mediação que se relaciona ao sistema de funções psicológicas desenvolvidas pelo indivíduo na organização histórica de seu grupo social, por meio dos processos de interação social, canalização e trocas, fazendo uso de recursos e instrumentos semióticos coconstruídos. Ao mesmo tempo, sabemos que os significados presentes na "cultura coletiva" são construídos e organizados justamente através da prática social e da ação dos sujeitos.

Segundo Salomão (2001), a questão fundamental é relativa ao modo de transmissão cultural, ou seja, como as pessoas tomam parte nas práticas sociais culturalmente estabelecidas. Diante de tal questão, Valsiner (1994) apresenta o modelo de transmissão bidirecional da cultura, que enfatiza o papel ativo do indivíduo ao se apropriar das mensagens culturais, reinterpretando-as de acordo com seus recursos disponíveis e com a condição imediata das trocas sociais estabelecidas e as configurações específicas de seu sistema motivacional ao longo dos processos interativos. Assim, uma sugestão ou "mensagem" cultural presente na interação do sujeito com seu contexto social é transformada por ele através da criação de um sentido pessoal, único e novo diante do significado compartilhado, abrindo espaço para uma síntese criativa, o que poderia explicar as concepções e representações sociais que tanto professores como alunos têm sobre o ensino da matemática.

Quando se fala de alunos com necessidades educacionais especiais, os professores do ensino regular da escola inclusiva garantem que esses alunos não aprendem matemática porque eles não fazem contas, não sabem tabuada, não entendem a matemática, corroborando os estudos de Vieira (2002) e Pimenta

(2003). Comparando essas opiniões com os dados da pesquisa apresentada, podemos afirmar que o aluno com necessidades educacionais especiais possui um desenvolvimento cognitivo singular e que, para utilizar o raciocínio lógico matemático, ele deve construir esquemas, adaptando os mecanismos de assimilação e acomodação à sua forma diferente de ser, mantendo uma sequência de evolução harmoniosa.

Segundo Piaget (1973), é perfeitamente viável ensinar a matemática, mesmo para alunos com supostas dificuldades de aprendizagem, abrindo mão de métodos arcaicos, como treinos, regras e observância de modelos e etapas sucessivas na resolução de exercícios. É possível favorecer a construção do conhecimento, a construção de competências matemáticas, as correlações e sistematizações das noções previamente adquiridas, desde que o sujeito tenha oportunidade de manejar o raciocínio lógico e determinados conceitos matemáticos diante de determinadas situações, mediadas por outro ou por instrumentos culturalmente construídos. Ou seja, do ponto de vista do desenvolvimento humano, podemos afirmar que tanto o aluno especial como o dito "normal" são capazes de construir conceitos matemáticos, desde que haja a contextualização e a mediação de fatos numéricos.

Considerações finais

A escola inclusiva deve constituir um meio favorável ao alcance da igualdade de oportunidades e da completa participação. Para ela ter êxito, requer-se um esforço comum, não só dos professores e do pessoal da escola, mas de toda sociedade.

Não podemos negar também que há necessidade de uma disposição interna por parte do professor em lidar com situações pedagógicas que muitas vezes, ou na maioria delas, são inéditas, únicas e singulares. Necessário também se faz que haja certa disposição para a incorporação de novos paradigmas, novas concepções que rompam e substituam estruturas de pensamento já cristalizadas e responsáveis por um fazer condicionado e, portanto, irrefletido, que muitas vezes frustra aquele que o realiza. E nesse processo de rompimentos com velhas estruturas, há que se ter os "outros" mediadores das mudanças que, exatamente por serem processuais e determinadas histórica e socialmente, não ocorrem naturalmente, mas necessitam de intervenção social.

Embora para processar a inclusão seja necessário pensar em toda a estrutura educacional e em um contexto social muito mais amplo que envolve a escola, acreditamos que mudar os contextos formadores é fundamental e isso pode ser feito com posturas reflexivas, que podem por sua vez gerar ações diferenciadas ou práticas alternativas que incidam novamente sobre essas concepções, em um movimento que é dialético e, por ser assim, não dissocia teorias e práticas.

Requer-se um trabalho coletivo para que a escola assuma o seu papel de promover educação para todos, trabalho este que não se restringe unicamente aos professores das classes ou escolas especiais, nem aos professores das classes regulares, nem apenas aos pais ou à comunidade; é um trabalho de todos e no qual se faz necessário lidar com incertezas geradas, dúvidas, ambiguidades, medos, desejos e conflitos inter e intrapessoais dos envolvidos no processo.

A educação de uma nova escola exige um novo professor. Entretanto, alguns continuam cobrando memorizações de fatos e uma aprendizagem mecânica, desvinculadas de qualquer significação e contextualização para o aluno, fazendo deles um depósito de signos sem significados, sem relações primordiais com seu texto.

A mediação do professor é fundamental para que não ocorra apenas uma aprendizagem mecânica e sim uma reflexão sobre o que se está aprendendo; mediar não é dar respostas, é conduzir ao raciocínio de maneira segura e dinâmica, motivando o aluno, construindo com ele a evolução de seu aprendizado em todos os momentos de dificuldades.

A construção do conhecimento exige novas metodologias e ambientes diferenciados de aprendizagem, pois cada sala é formada por um grupo heterogêneo de alunos. O ensino tradicional não atende às dificuldades que alguns alunos apresentam, fazendo emergir a necessidade de uma educação em que o aprender faça parte do cotidiano de alunos e professores.

É fundamental que o professor, mediador desse processo, parta do princípio de que os seus alunos já sabem alguma coisa, e de que todos são capazes de aprender, cada um no seu tempo e do jeito que lhes é próprio. É importante que esse mediador alimente uma elevada expectativa em relação à capacidade dos alunos em progredir e que não desista nunca de buscar meios que possam ajudá-los a vencer os obstáculos escolares, mas que essa expectativa não seja uma transferência de responsabilidades.

Segundo Mantoan (2002, p.21), "o sucesso da aprendizagem está em explorar talentos, atualizar possibilidades, desenvolver predisposições naturais de cada aluno. As dificuldades e limitações são reconhecidas, mas não conduzem/restringem o processo de ensino [...]"

Para se ensinar a turma toda, temos de propor atividades abertas, diversificadas, isto é, atividades que possam ser abordadas por diferentes níveis de compreensão e de desempenho dos alunos e em que não se destaquem os "mais inteligentes" e os "menos inteligentes". Resumindo, as atividades devem ser exploradas segundo as possibilidades e os interesses dos alunos que optaram livremente por desenvolvê-las. Os conteúdos das disciplinas são chamados espontaneamente a esclarecer assuntos em estudo, mas como meios e não como fins do ensino escolar.

Em consequência, a avaliação também deve privilegiar o desenvolvimento do sujeito como um todo, acompanhando esse percurso do ponto de vista da evolução de suas competências para resolver as situações-problema, mobilizando e aplicando conteúdos acadêmicos e outros meios que possam ser úteis para se chegar às soluções pretendidas e apreciando os seus progressos no tratamento das informações e na participação na vida social da escola.

Então, podemos dizer que um dos maiores desafios que os professores enfrentam na sua prática cotidiana está relacionado à busca de modelos de ensino e estratégias que assegurem o êxito do processo de aprendizagem para todos os alunos. Quando a isso se soma um aluno com necessidades educacionais especiais, vemo-nos diante do fato de que a heterogeneidade do grupo pode aumentar, o que obriga o professor-mediador a realizar modificações ou adaptações mais significativas que permitam a esses alunos acompanhar os demais.

Dessa forma, pensando nos conteúdos das disciplinas como meios e tendo o aluno como sendo o ponto de partida, é possível, segundo Duk, Hernández e Sius[7], adaptar os diferentes currículos. O importante é não perder de vista que as adaptações curriculares são medidas de flexibilização do currículo escolar orientadas para que os alunos que tenham necessidades educacionais especiais possam participar e se beneficiar do processo de ensino.

Por outro lado, é importante destacar que os alunos com necessidades educacionais especiais aprendam segundo os mesmos princípios e métodos pedagógicos que demonstraram ser efetivos para o resto dos alunos. Nesse sentido, Duk, Hernández e Sius, afirmam que é importante considerar:

---

[7] Artigo do *site* http://es.geocities.com/teoriaadaptaciones/adaptaciones.pdf, acessado em 15 de julho de 2009.

- o uso de técnicas que estimulem a experiência direta, a reflexão e a expressão;
- as estratégias que favoreçam a ajuda e a cooperação entre as crianças;
- as estratégias para centrar e manter a atenção do grupo;
- as atividades que permitam distintos graus de exigência e diferentes possibilidades de execução e expressão;
- as estratégias que favoreçam a motivação e a aprendizagem significativa; e
- a utilização de formas variadas de agrupamento dentro da turma.

É, sem dúvida, a heterogeneidade que dinamiza os grupos, segundo Mantoan (2002), mas mais importante ainda é favorecer a mediação de conhecimentos existentes nesse grupo heterogêneo e que possibilita a interação entre os sujeitos, destacando as peculiaridades de cada um.

Não é possível estudar as questões relativas a ensinar e a aprender fora da compreensão dos processos de significação do aluno em relação às suas vivências escolares. Essas vivências adquirem seu valor no processo interativo e estão dinamicamente envolvidas com a configuração da personalidade do sujeito.

A construção de relações e a noção de si mesmo é um processo dialógico e histórico que envolve a apropriação, a construção e a reconstrução ativa de significados individuais, sócio-históricos e culturais, presentes no aqui e agora das situações vividas.

Significados pessoais e valores transmitidos nos planos social e histórico se colocam como elementos presentes na construção de relações sociais e do conhecimento de si mesmo, do outro e dos fenômenos do mundo. É necessário um espaço nas instituições para a discussão das ideias e dos valores levados ao processo pelos alunos.

É de fundamental importância que se considere as relações interpessoais como sistemas de comunicação em desenvolvimento que geram para os participantes significados pessoais e sócio-históricos diretamente ligados às dinâmicas de mudanças e, portanto, produzidos e compartilhados no processo de interação social.

Com o relato desse estudo, defendemos uma estratégia que gera subsídios para uma intervenção psicopedagógica, seja na sala de recursos, seja na sala regular, ao mesmo tempo em que avança na pesquisa sobre inclusão, uma vez que ultrapassa a simples descrição e assume a intervenção psicopedagógica de fato, considerando que a inserção educacional do sujeito, criança, adolescente ou adulto, pressupõe a interação deste com os instrumentos de representação do conhecimento humano já convencionados.

Referências

BRASIL. *Política Nacional de Educação Especial na Perspectiva da Educação Inclusiva*. Brasília: MEC, 2008.

BONFIM, R. A. F. *Aquisição de conceitos numéricos na sala de recursos*: relato de uma pesquisa de intervenção, Dissertação de Mestrado, Universidade de Brasília, Brasília/DF, 2005.

CADER, F. A. A. A.; FÁVERO, M. H. A mediação semiótica no processo de alfabetização dos surdos. *Revista Brasileira de Educação Especial*, v.6, n.1, p.117-131, 2000.

DUK, C.; HERNÁNDEZ, A. M.; SIUS, P. *Adaptações Curriculares*: uma estratégia de individualização do ensino. Site: *http://*es.geocities.com/teoriaadaptaciones/adaptaciones.pdf, acessado em 15 de julho de 2009.

FÁVERO, M. H.; SOARES, M.T.C. Iniciação escolar e a notação numérica: Uma questão para o estudo do desenvolvimento adulto. *Psicologia*: Teoria e Pesquisa, v.18, n.1, p.43-50, jan-abr. 2002.

FÁVERO, M. H. Aquisição conceitual em condições especiais: articulação entre pesquisa e intervenção psicopedagógica. Sociedade Brasileira de Psicologia. Resumos de Comunicações Científicas. *XXXIII Reunião Anual de Psicologia*, Belo Horizonte: SBP, 2003, p.83-84.

FÁVERO, M.H.; VIEIRA, D.O. A construção da lógica do sistema numérico por uma criança com Síndrome de Down. *Educar, Dossiê: Educação Especial*, Curitiba: Editora UFPR, n.23, p.65-85, 2004.

FÁVERO, M.H. O valor sócio-cultural dos objetos e a natureza sócio-cultural das ações humanas: a mediação exercida pelo meio escolar no desenvolvimento e na construção do conhecimento. *VII International School Psycology Cologuium e II Congresso Nacional de Psicologia Escolar*. Campinas, 1994.

FÁVERO, M.H. *Psicologia e conhecimento*: Subsídios da psicologia do desenvolvimento para a análise de ensinar e aprender. Brasília: Editora Universidade de Brasília, 2005.

FÁVERO, M.H.; PIMENTA, M.L. A aquisição de conceitos matemáticos pelos surdos: análise e reflexão. *Anais do Congresso "Surdez e pós -modernidade: novos rumos para a educação brasileira.* INES, Instituto Nacional de Educação de Surdos, Divisão de Estudos e Pesquisas, Rio de Janeiro, 2002. p.135-138.

FÁVERO, M.H.; PIMENTA, M.L. Pensamento e linguagem: a língua de sinais na resolução de problemas. *Psicologia: Reflexão & Crítica*, v.19, n.2, 2006.

GROUPE CIMETE. Compétences et incompétences en arithmétique. Une aide na diagnostic et à l'action pédagogique particullièrement destinée aux entants affectés de difficultés sévères d'apprentissage. *ANAE*, hors série, 1995. p. 58-63.

HITCH, G.J.; ARNOUD, P.; PHILLIPS, L.J. Couting processes indeaf children's arithmetic. *British Journal of psychological*, v.74, p.429-437, 1983.

HODDAPP, R. M.; ZIGLER, E. Applying the developmental perspective to individuals with Down syndrome. In: CINCCHETTI, D.; BEEGHLY, M. (orgs.). *Children with Down syndrome*: a developmental perspective. Cambridge: Cambridge University Press, 1995. p.1-28.

MONTOAM, M.T. Ensinando a turma toda: as diferenças na escola. *Pátio – Revista Pedagógica* Porto Alegre: Artmed, n.5, n.20, p.18-28, 2002.

NUNES, T.; BRYANT, P. *Crianças fazendo matemática*. Porto Alegre: Artmed, 1997.

PIAGET, J. Observaciones sobre la educación matemática. Developments Mathematical Eduction, proceedings of the second international congress on mathematical education. In: HOWSON, A.G. (Eds), Cambridge University Press, p. 79-87, 1973. La version original en francés: "Remarques sur l'education mathématique" aprareció em math ecole 58 p.1-7.

PIMENTA, M.L. De mais ou de menos? A resolução de problems por surdos adultos. Dissertação de mestrado, Universidade de Brasília, Brasília/DF, 2003.

RIBEIRO, C. Metacognição: Um apoio ao processo de aprendizagem. *Psicologia: Reflexão e Crítica*, Brasília, v.16, n.1, p.109-116, 2003.

SALOMÃO, S. J. *Motivação social*: comunicação e metacomunicação na co-construção de crenças e valores no contexto de interação professora-alunos. Dissertação de Mestrado, Universidade de Brasília, 2001.

SCHLIEMANN, A.; CARRAHER, T.; CARRAHER, D. Mathematics in the streets and in schools. *British Journal of Development Psychology*, v.3, p.21-29, 1988.

VALSINER, J. Culture and human development: a co-constructionist perspective. In: van GEERT, P.; MOS, L. (eds.). *Annals of theoretical psychology*. New York: Plenum, 1994. v.10.

VALSINER, J. Affective fields and their development. In: __ . *Comparative study of human cultural development*. Madrid: Fundación Infancia y Aprendizaje, 2001. p.159-181.

VERGNAUD, G. La théorie des champs conceptuels. *Recherches en didactique des mathématiques*, Paris,v.10, n.23, p.133-170, 1990.

VERGNAUD, G. Teoria dos campos conceituais. In: NASSER, L. (ed.). *Anais do 1º Seminário Internacional de Educação Matemática do Rio de Janeiro*. 1993. p.1-26.

VERGNAUD, G. A gênese dos campos conceituais. In: GROSSI, E. P. *Por que ainda há quem não aprende?*: A teoria. Petrópolis: Vozes, 2003.

VIEIRA, D. de O. *Aquisição do conceito de número em condições especiais: a síndrome de down em questão*. Dissertação de mestrado, Universidade de Brasília, Brasília, 2002.

WARNOCK, M. *Meeting Special Education Needs*. Londres: Her Majesty's Stationary Office, Government Bookshops, 1981. (sixt impression).